国 家 级 职 业 教 育 规 划 教 材
人力资源和社会保障部职业能力建设司推荐
全国高等职业技术院校食品类专业教材

果蔬加工技术

覃海元　主编
刘小玲　主审

中国劳动社会保障出版社

图书在版编目(CIP)数据

果蔬加工技术/覃海元主编. —北京：中国劳动社会保障出版社，2014
全国高等职业技术院校食品类专业教材
ISBN 978-7-5167-0852-1

Ⅰ.①果…　Ⅱ.①覃…　Ⅲ.①果蔬加工-高等职业教育-教材　Ⅳ.①TS255.3

中国版本图书馆 CIP 数据核字(2014)第 009469 号

中国劳动社会保障出版社出版发行
（北京市惠新东街1号　邮政编码：100029）

*

北京市艺辉印刷有限公司印刷装订　新华书店经销
787毫米×1092毫米　16开本　8.75印张　185千字
2014年1月第1版　　2019年1月第3次印刷

定价：17.00元

读者服务部电话：(010) 64929211/64921644/84626437
营销部电话：(010) 64961894
出版社网址：http://www.class.com.cn

前　言

随着我国食品工业的迅速发展，食品行业、企业对从业人员的知识结构和技能水平提出了更高的要求。为了更好地满足企业的用人需要，促进高等职业技术院校食品类专业教学工作的开展，加快高技能人才培养，我们组织有关院校的骨干教师和行业、企业专家，对专业培养目标、课程设置、教学模式进行了深入研究，开发了全国高等职业技术院校食品类专业教材。

本次开发的教材包括《食品生物化学》《食品微生物基础与检验技术》《食品分析与检验》《食品营养学》《食品质量管理与安全控制》《食品加工机械与设备》《水产品加工技术》《乳制品加工技术》《果蔬加工技术》《粮油食品加工技术》和《肉制品加工技术》。

本次教材开发工作的重点有以下几个方面：

第一，坚持高技能人才的培养方向，突出教材的职业特色。以职业能力为本位，从职业（岗位）分析入手，根据高等职业技术院校食品类专业毕业生所从事职业的实际需要，科学确定学生应具备的知识和能力结构。特别注重加强教材中的实验、实训环节，以提高学生的实际操作能力，为从业打好基础。

第二，体现食品行业发展趋势，突出教材的先进性。根据食品行业的发展现状，尽可能多地在教材中体现本行业的新理念、新知识、新技术和新设备，并严格执行国家有关技术标准，使教材具有鲜明的时代特征。

第三，创新编写模式，突出教材的适用性。按照学生的认知规律，合理安排教材内容，部分加工类课程以项目方式设计教学情境，以真实工作任务为项目载体，使教材更加易教、易学。在编写过程中，注重利用图表、实物照片辅助讲解知识点和技能点，激发学生的学习兴趣。

本套教材的编写得到了有关省市人力资源和社会保障厅（局）以及一批高等职业技术院校的大力支持，教材的编审人员做了大量的工作，在此表示衷心的感谢。同时，恳切希望广大读者对教材提出宝贵的意见和建议，以便修订时加以完善。

人力资源和社会保障部教材办公室

简　介

本教材为国家级职业教育规划教材，由人力资源和社会保障部职业能力建设司推荐。教材共分8个项目，主要内容包括鲜切果蔬加工技术、果蔬干制品加工技术、速冻果蔬加工技术、蜜饯食品加工技术、果冻果酱加工技术、酱腌菜加工技术、果蔬汁加工技术和果蔬罐头加工技术。每个项目包括几个完整的典型工作任务，其中融入了现代果蔬加工企业所采用的新技术和新成果。

本教材为高等职业技术院校食品类专业教材，也可作为从事果蔬加工行业技术人员和管理人员的参考用书。

本教材由覃海元任主编，杨春成、王玉麟参与编写。编写分工如下：前导知识、项目二、项目三、项目四和项目八由覃海元编写；项目一和项目五由杨春成编写；项目六和项目七由王玉麟编写。本教材由刘小玲审稿。

目　录

前导知识

一、果蔬加工技术的概念

果蔬加工就是以水果和蔬菜为原料加工各种食品的过程。按照加工技术类别不同，果蔬加工技术可分为鲜切果蔬加工技术、果蔬干制品加工技术、速冻果蔬加工技术、蜜饯食品加工技术、果冻和果酱加工技术、酱腌菜加工技术、果蔬汁加工技术、果蔬罐头加工技术和果酒加工技术等。当然，以上关于果蔬加工技术的分类是相对的，因为在果蔬加工中，各种加工技术是相互渗透、相互交叉的。例如，蜜饯食品加工需要用到干制技术和罐头杀菌技术，果冻和果酱加工、酱腌菜加工、果蔬汁加工和果酒加工都需要用到罐头杀菌技术。果酒加工技术一般归入发酵技术或酿造技术中，本书不作介绍。

二、果蔬加工用原料的成分

果蔬产品的化学成分可以分为两部分，即水分和干物质（固形物）。干物质包括有机物和无机物。有机物包括含氮化合物和无氮化合物，此外，还有一些维生素、色素、芳香物质和酶等。无机物主要是指灰分，即矿物质。

1. 水分

果蔬产品含量最高的化学成分是水分，大多数果蔬产品含水量为80% ~90%，部分产品达95%以上。

2. 碳水化合物

碳水化合物是果蔬中干物质的主要成分，包括糖、淀粉、纤维素和半纤维素、果胶物质等。

（1）糖

糖是果蔬甜味的主要来源，也是构成其他化合物的成分。糖主要有蔗糖、葡萄糖和果糖。不同种类的果蔬产品，含糖量差异很大，大多数水果含糖量为7% ~18%，蔬菜含糖量大多在5%以下。常见果蔬产品糖的种类及含量见表0—1。

表0—1　　常见果蔬产品糖的种类及含量　　g/100 g（鲜重）

名称	蔗糖	转化糖	总糖
苹果	1.29 ~2.99	7.35 ~11.61	8.62 ~14.61
梨	1.85 ~2.00	6.52 ~8.00	8.37 ~10.00
香蕉	7.00	10.00	17.00
草莓	1.48 ~1.76	5.56 ~7.11	7.41 ~8.59

续表

名称	蔗糖	转化糖	总糖
桃	8.61～8.74	1.77～3.67	10.38～12.41
杏	5.45～8.45	3.00～3.45	8.45～11.90
白菜			5.00～17.00
胡萝卜			3.30～12.00
番茄			1.50～4.20
南瓜			2.50～9.00
甘蓝			1.50～4.50
西瓜			5.50～11.00

（2）淀粉

淀粉主要存在于未成熟的果实中。果蔬产品中的香蕉、马铃薯、藕、荸荠、芋头等淀粉含量较高，其次是豌豆、苹果，其他果蔬产品的淀粉含量较少。淀粉在果实成熟及后熟过程中，在酶的作用下，可转化为糖。

（3）纤维素和半纤维素

纤维素和半纤维素是植物骨架物质细胞壁的主要成分，对组织起着支撑作用。纤维素在果蔬皮层中含量较多，在幼嫩时期是一种含水纤维素，在成熟过程中逐渐木质化和角质化，变得坚硬、粗糙，不堪食用。半纤维素在植物体内有支持组织和储存的双重功能。从果蔬品质来说，纤维素和半纤维素含量越少越好，但纤维素、半纤维素和果胶物质形成的复合纤维素对果蔬有保护作用，能增强果蔬的耐藏性。

（4）果胶物质

果胶物质沉积在细胞初生壁和中胶层中，起着黏结细胞个体的作用，是果蔬产品普遍存在的高分子化合物。

果胶物质以原果胶、果胶和果胶酸三种形式存在于果蔬中：未成熟的果蔬，果胶物质主要是以原果胶的形式存在的，并与纤维素和半纤维素结合，不溶于水，将细胞紧密黏结，使果实组织坚硬；随着果蔬成熟，原果胶在酶的作用下，逐渐水解而与纤维素分离，转变成果胶渗入细胞液中，细胞间失去黏结，组织松散，硬度下降；果胶在果胶酶的作用下分解成果胶酸，果胶酸没有黏性，使细胞失去黏着力，果实也随之发绵变软，储存能力逐渐降低。

3. 有机酸

果蔬产品中的有机酸是其酸味的主要来源，其中柠檬酸、苹果酸、酒石酸在水果中含量较高，蔬菜的含酸量较少（除番茄外，大多数蔬菜都感觉不到酸味的存在），但有些蔬菜，如菠菜、茭白、苋菜、竹笋含有较多的草酸。

4. 色素物质

色素物质是决定果蔬产品色泽的重要因素，果蔬产品色泽在一定程度上反映了果蔬产品的新鲜度、成熟度和品质变化，它是评价果蔬产品品质和判断成熟度的重要外观指标。

果蔬产品中的色素物质主要有叶绿素、类胡萝卜素、花青素。果蔬的绿色是由于叶绿素的存在造成的，大多数果实随着叶绿素含量的降低，其绿色会逐渐消失，开始成熟。类胡萝卜素是一类脂溶性色素，构成果蔬产品的黄色、橙色或橙红色，主要由胡萝卜素、叶黄素和番茄红素组成。类胡萝卜素常与叶绿素并存，成熟过程中叶绿素酶活性增强，叶绿素逐渐分解，类胡萝卜素显色。花青素是一类非常不稳定的糖苷型水溶性色素，一般在果实成熟时才合成，存在于表皮的细胞液中，花青素在酸性溶液中呈红色，在碱性溶液中呈蓝色，在中性溶液中呈紫色，与金属离子结合时会呈现各种颜色，是果蔬产品红紫色的重要来源。

5. **单宁物质**

单宁属于高分子聚合物，构成其单体的为酚类物质。果蔬产品的涩味主要来自于单宁类物质，当单宁含量达到0.25%左右时，就可感到明显的涩味，当含量达到1%～2%时，就会产生强烈的涩味。未成熟的果蔬产品单宁含量较高，食之酸涩，但一般成熟果实中可食部分的单宁含量通常为0.03%～0.1%。

6. **芳香物质**

果蔬产品的香味来源于各种不同的芳香物质，它是决定果蔬产品品质的重要因素之一。芳香物质是成分繁多而含量极微的油状挥发性物质，醇、酯、醛、酮和萜类等化合物是芳香物质的主要成分。芳香物质多在成熟时开始形成，进入完熟阶段时大量形成，使产品风味达到最佳状态，但芳香物质大多不稳定，在储运加工过程中很容易挥发分解。

7. **维生素**

果蔬产品是人体所需维生素的基本来源。其中以维生素A原（胡萝卜素）、维生素C（抗坏血酸）最为重要。据研究报道，人体所需98%的维生素C和约57%的维生素A来源于果蔬。

果蔬产品中的绿叶蔬菜、胡萝卜、南瓜、杏、柑橘、黄肉桃、杧果等黄色、绿色果蔬含有较多的维生素A原；鲜枣、山楂、猕猴桃、草莓及柑橘类、辣椒、绿叶蔬菜、花椰菜、番茄等含有较多的维生素C。

8. **矿物质**

矿物质又称无机质，是人体结构的重要组成成分，又是维持体液渗透压和pH值不可缺少的物质，直接或间接地参与人体内的生化反应。人体缺乏某些矿物质元素，就会产生一定的营养缺乏症。因此，矿物质是构成人体结构与调节生理机能不可缺少的重要营养物质。

果蔬中含有丰富的矿物质，主要有钙、镁、磷、铁、钾、钠、铜、锰、锌、碘等，其含量占果蔬干重的1%～5%，在一些叶菜中矿物质含量可高达10%～15%。它们大部分以硫酸盐、磷酸盐、碳酸盐、硅酸盐、硼酸盐或与有机物结合的盐类存在，如蛋白质中含有硫和磷，叶绿素中含有镁等。通常，在食品中与人体营养关系最为密切的矿物质为钙、磷、铁，故常以这三种元素的含量来衡量其矿物质的营养价值。果蔬含有较多量的钙、磷、铁，尤其是某些蔬菜的含量很高，是人体所需钙、磷、铁的重要来源之一。

矿物质在果蔬加工中一般比较稳定，其损失往往是通过水溶性物质的浸出而流失的，如热烫、漂洗等工艺，其损失的比例与矿物质的溶解度呈正相关。

9. 含氮化合物

果蔬中的含氮化合物主要是蛋白质和氨基酸，有些氨基酸是具有鲜味的物质（谷氨酸钠就是味精的主要成分），虽然果蔬中含氮物质很少，但对果蔬的品质风味有着重要的影响。氨基酸是蛋白质的基础物质，提供人体中激素、酶、血液等所需的氮，也是骨骼的组成部分，又是生物缓冲液的重要成分，还有免疫的效应。特别需要强调的是，果蔬含有人体所必需的氨基酸，这些氨基酸是人体不能制造的，但又是人体生命活动必不可少的。

10. 酶

酶是由生物的活细胞产生的具有催化能力的蛋白质，果蔬中所有的生物化学作用都是在酶的参与下进行的。果蔬成熟衰老中物质的合成与降解涉及众多种类的酶，但主要有两大类：一类是氧化酶类，包括抗坏血酸氧化酶、过氧化物酶、多酚氧化酶等；另一类是水解酶，包括果胶酶、淀粉酶、蛋白酶等。抗坏血酸氧化酶对维生素 C 的含量有很大影响，过氧化物酶可防止有毒物质的积累，多酚氧化酶在植物受到伤害时促进其发生褐变，果胶酶影响着果蔬的质地。

三、果蔬加工中原料的处理

原料的处理包括选别、分级、清洗、去皮、切分、修整、烫漂、硬化、护色、半成品保藏等工序。尽管原料种类、品种各异，组织特性差异很大，加工方法也不同，但加工前的处理过程基本相同。

1. 原料的选别、分级

进厂后的原料大小、成熟度、色泽等都有一定的差异，且混有大量杂质。通过原料的选别、分级，一是可以剔除不合格的原料，包括未熟、过熟、腐烂及霉变的原料；除去原料内的沙石、虫卵及其他杂质。二是可以将原料进行分级，以利于在同一条件下进行制品的加工。例如，在白桃罐头的加工中，通过大小、成熟度的分级处理，可使同一批原料能在同一工艺条件下进行碱液去皮，保证工艺处理的一致性，确保产品的质量。

选别主要是通过人工检验，即在固定的工作台或传送带上对原料进行粗选，剔除虫蛀、霉变、伤口大的原料，对残果、次果和损伤不严重的果先进行修整后再使用。

分级主要有大小、成熟度和色泽的分级，一般要根据不同原料种类及分级内容对加工制品的影响而分别采用一种或几种分级方法。

大小分级是分级的主要内容，几乎所有原料都要进行大小分级，方法有手工分级和机械分级两种。手工分级一般在生产规模不大或机械设备缺乏时采用，同时可配备简单的辅助工具，如圆孔分级板、分级筛、分级尺等。机械分级可采用分级机械完成，如滚筒分级机、振动筛、分离输送机、蘑菇专用分级机、菠萝分级机等。机械分级均匀一致，分级效率高，是现代化工厂的主要分级方法。

色泽、成熟度分级常用目视估测法进行。色泽常按深浅分级，可用目测法或电子测定仪等进行。成熟度一般按人为制定的低、中、高级进行分级处理。

2. 清洗

原料清洗的目的在于洗去原料表面附着的灰尘、泥沙、部分微生物及部分残留化学农药，以保证产品的清洁卫生及质量。

清洗方法有手工清洗和机械清洗两类。手工清洗简单易行，主要用于对易损伤原料的清洗，如杨梅、草莓等。清洗机械种类繁多，可适用于不同类型原料的清洗，如桨叶式清洗机、喷淋式清洗机、压气式清洗机等。选择时，应根据原料形状、质地、表面状态、污染程度及加工方法等综合考虑选择合适的清洗设备。

3. 去皮

原料去皮的方法主要有手工去皮、机械去皮、碱液去皮、热力去皮、酶法去皮、冷冻去皮等。

（1）手工去皮

手工去皮是指应用特别的刀具、刨等进行人工削皮，应用范围广。其优点是去皮干净、损失少，兼有修整的作用，可同时去心、核。在原料较不一致的情况下尤显其优点。但这种方法费工、费时，效率低，不适合大规模生产。

（2）机械去皮

机械去皮是采用专门的去皮机械进行的操作。常用的去皮机械有旋皮机、擦皮机和特种去皮机三类。

1）旋皮机。旋皮机是在特定的机械刀架上将果蔬皮旋去的机械，适用于苹果、梨、柿等大型果蔬。

2）擦皮机。擦皮机是利用内表面是金刚砂、表面粗糙的转筒或滚轴，借摩擦力作用擦去表皮的机械，适用于马铃薯、胡萝卜、芋头、甘薯等原料。此机械效率较高，但加工后的产品表面不光滑。

3）特种去皮机。如菠萝的专用去皮、切端通心机，青豆黄豆专用去皮机等都属于特种去皮机。

（3）碱液去皮

碱液去皮是应用最广泛的去皮方法，是一种化学去皮法。

碱液去皮的原理是利用碱液的腐蚀作用，将果皮与果肉间的果胶物质腐蚀溶解，使其失去凝胶性，从而使果皮与果肉间连接消失，表皮剥落。绝大多数果蔬可用此法去皮，如桃、杏、李、胡萝卜等。

碱液去皮常用的碱为氢氧化钠，也可用碳酸氢钠等弱碱。为帮助去皮可加入一些表面活性剂和硅酸盐，加强去皮效果。

碱液去皮时碱液浓度、温度、去皮时间是三个重要指标，应视果蔬的种类、成熟度、大小而定，处理不当会伤及果肉。几种果蔬的碱液去皮条件见表0—2。

表 0—2　　几种果蔬碱液去皮参考条件

果蔬种类	NaOH 浓度	液温/℃	处理时间/min	处理方式
桃	1.5% ~3%	90 ~95	0.5 ~2	喷淋或浸泡
杏	3% ~6%	90 以上	0.5 ~2	喷淋或浸泡
李	5% ~8%	90 以上	2 ~3	浸泡
苹果	20% ~30%	90 ~95	0.5 ~1.5	浸泡
胡萝卜	3% ~6%	90 以上	4 ~10	浸泡
马铃薯	2% ~3%	90 ~100	3 ~4	浸泡
番茄	15% ~20%	85 ~95	0.3 ~0.5	浸泡

碱液去皮的方法有浸泡法和喷淋法两种。浸泡法是将一定浓度的碱液放入浸碱设备中，将果蔬放入浸泡一定时间后取出转入清水搅动、摩擦去皮的方法。浸碱设备可用夹层锅或浸碱去皮机。喷淋法是将热碱液喷淋于输送带上的果蔬表面，淋过碱液的果蔬进入转筒内，在冲水的情况下与转筒摩擦去皮的方法。碱液去皮所用设备、容器等必须由不锈钢或搪瓷、陶瓷制成，不能用铁及铝器。

经碱液去皮后的果蔬要用大量冷水冲洗，同时可结合用 0.1% ~0.2% 的盐酸或 0.25% ~0.5% 的柠檬酸溶液浸泡中和，然后冲洗至果块表面无滑腻感，pH 值达到 7 为止。

碱液去皮适用面广，去皮均匀迅速，损耗低，省工省时。但必须注意碱液的强腐蚀性，注意安全。

(4) 热力去皮

果蔬在高温下短时间处理，表皮会因突然受热而松软，膨胀破裂，果皮与果肉间的果胶物质水解，从而使果皮与果肉分离，果皮脱落。此法适用于成熟度高的桃、杏、番茄、枇杷等果蔬。

热力去皮有蒸汽去皮和热水去皮两种。蒸汽去皮时，一般采用近 100℃ 的蒸汽加热果蔬。热水去皮时，将果蔬放置于浸泡在热水槽中的不锈钢传送带上。这样在短时间内可使果皮松软而分离，不同果蔬的热处理温度和时间可根据原料种类和成熟度的不同而定。如桃可在 100℃ 蒸汽下处理 8 ~10 min，淋水后用毛刷辊或橡皮辊刷洗去皮。枇杷经 95℃ 以上热水烫 2 ~5 min 即可剥皮。

热力去皮原料损失少、色泽好、风味好，但只适用于成熟度高，果皮易剥落的原料。

(5) 酶法去皮

利用果胶酶水解果胶的原理，可以达到去皮的目的。例如，将柑橘橘瓣放在 1.5% 的果胶酶溶液中，在 35 ~40℃，pH 值为 1.5 ~2.0 的条件下，处理 3 ~8 min，可去囊衣。

酶法去皮条件温和，产品质量好，但要控制好酶的浓度及酶的最佳处理条件，如温度、时间、pH 值等。

此外，还有冷冻去皮、真空去皮、表面活性剂去皮等方法，无论采用哪种方法，都以达到除去外皮不可食部分，保持果蔬去皮后外表光洁为好。

4. 去核、去心

核果类原料加工前需去核，仁果类则需去心，柑橘类制罐时需去除种子。常用的去核、去心工具有挖核器和通核器。生产上可根据原料特点和工具的大小灵活选择合适的工具。

5. 切分、修整、破碎

（1）切分

体积较大的原料在罐藏、干制、腌制及加工果脯、蜜饯时，为保持产品适当的形状，需进行切分处理。

切分的形状根据原料的形状、产品的标准和性质决定。切分可用刀、劈桃机、多功能切片机及专用切片机等完成。

（2）修整

罐藏或果脯、蜜饯加工时，为保持制品良好的外形，需对果块进行修整，目的是除去果蔬未去净的皮、部分斑点和其他病变组织。

（3）破碎

果蔬汁、果酒、果酱等在生产时，要进行原料的破碎处理。这项工作可用破碎机或打浆机完成，制造果酱时果肉的破碎也可用绞肉机进行，果泥可用磨碎机或胶体磨。原料的破碎程度应根据原料种类、后续工序的要求及产品标准综合考虑。破碎时，为保证制品的色泽和营养，可加入适量的异抗坏血酸钠等抗氧化剂。

6. 硬化处理

对一些柔软的果蔬，在加工中，为提高原料的耐煮性和脆性，要进行硬化处理。即将原料浸泡于石灰、明矾、氯化钙或亚硫酸钙等稀溶液中，使钙、镁离子与原料中的果胶物质生成不溶性盐类，使细胞互相黏结在一起，提高其硬度和耐煮性。

硬化剂使用时，必须注意其用量和处理时间。过量会导致原料的纤维钙化，使产品质地粗糙，品质变劣。经硬化处理后的原料，要用清水漂洗，以除去表面残余的硬化剂。

7. 漂烫

漂烫也称预煮，是将已切分或经其他处理的原料放入沸水或热蒸汽中进行短暂的热处理。

（1）漂烫的作用

1）钝化酶活性、防止酶褐变。原料受热后，氧化酶类等可被钝化，停止其生化活动，因此漂烫可防止因其引起的氧化褐变。这在干制、速冻、罐藏中尤为重要。一般认为，抗热性较强的氧化酶类在 71 ~ 74℃ 的温度下、过氧化酶在 90 ~ 100℃ 的温度下，5 min 即失去活性。

2）软化组织、改善细胞膜透性。烫漂后的果蔬原料体积缩小，组织柔软，装罐时便于装罐。热烫使原料细胞原生质变性，改善了细胞膜透性，干制时便于水分蒸发；糖制时便于渗糖，不易产生裂纹和皱缩。而且，热烫过的干制品复水也较容易。

3）排除原料组织空气，提高制品透明度、稳定性和改进色泽。空气的排除有利于罐头制品保持合适的真空度和防止空气对马口铁的腐蚀；对含叶绿素的果蔬，漂烫后色泽更为鲜绿，不含叶绿素的则成半透明状态，更加美观。

4）除去部分辛辣味和其他不良风味。苦涩味、辛辣味或其他异味，经热烫处理，可适度减轻，有时还可以除去原料的部分黏性物质，提高制品品质。

5）其他。降低原料中的污染物，杀死部分附着于原料中的微生物，并对原料起一定的清洗作用。

（2）漂烫方法

漂烫处理常用的方法有热水和蒸汽两种。热水漂烫通常在温度不低于90℃的热水中处理2~5 min。此法的优点是方法简单，物料受热均匀，但可溶性物质流失较多。加工罐头用的果品也常用糖液漂烫，同时兼有排气作用。为保证绿色果蔬的色泽，热水中可加入碱性物质，如碳酸氢钠等，但会使维生素C损失严重。蒸汽漂烫的蒸汽温度一般在100℃左右。此法的优点是可溶性物质流失少，但设备复杂。

原料漂烫的设备有夹层锅、大型连续化预煮设备，如链带式连续预煮机和螺旋式连续预煮机等。

原料漂烫的程度，应视原料种类、块形、大小、工艺要求等条件而定。一般以原料半生不熟，组织较透明，失去新鲜硬度，又不像煮熟后那样柔软为适度。漂烫程度也常以原料中最耐热的过氧化物酶的钝化作为标准，通过对过氧化物酶活性的检查来确定漂烫终点。

漂烫后的原料应及时用冷水或冷风冷却处理，防止果蔬因过度受热，组织变软。

（3）果蔬漂烫条件的确定

生产上一般通过定性测定果蔬中的过氧化物酶活性来确定漂烫的条件（温度和时间）。

1）原理。果蔬中的氧化酶和过氧化物酶可导致果蔬切面褐变。漂烫处理是生产上钝化酶活性、防止酶促褐变最常用也是最有效的方法。过氧化物酶是果蔬中最耐热的一种酶，它没有了活性，说明其他酶也失去了活性。因此，测定过氧化物酶活性是判定果蔬热烫是否符合要求最常用的方法。

过氧化物酶能使联苯胺遇过氧化氢（双氧水）而脱氢，产生蓝色的络合物；过氧化物酶也能使愈创木酚遇过氧化氢变成茶褐色。果蔬中酶活性是否存在，经加热后酶活性是否被破坏，可用上述试剂进行测定。

2）操作要点

①试剂准备。2%的联苯胺酒精溶液、2%愈创木酚酒精溶液和0.3%过氧化氢溶液。

②测定。取2片（块）漂烫后的果蔬，从中间切开，在切面上滴1~2滴联苯胺或愈创木酚酒精溶液，然后立即在切面上滴1滴0.3%过氧化氢溶液，经1~2 min后，观察两种处理的色泽的变化。如果果蔬切面变成蓝色或茶色，说明酶活性存在，热烫不足；如果果蔬切面不变色，则说明热烫充分。

8. 工序间的护色

原料去皮和切分后，与空气接触会迅速变成褐色，不仅影响外观，也破坏了产品的风味和营养。因此，在加工中要有必要的护色措施，以保持制品的原味和品质。

（1）褐变原因

工序间的褐变主要是酶促褐变，是在氧化酶和过氧化物酶的作用下，将果蔬中的单宁物质、绿原酸、酪氨酸等酚类物质氧化成褐色，从而引起原料的变色。此类反应的关键是要有酚类底物、酶和氧气。因此，一般护色措施均从排除氧气和抑制酶活性两方面入手。

（2）护色措施

1）烫漂护色。烫漂可以钝化酶活性，防止酶褐变。

2）硫处理护色。二氧化硫可以抑制酶褐变和非酶褐变。常用的试剂有硫黄、亚硫酸钠、亚硫酸氢钠、焦亚硫酸钠等。处理方法有浸泡法、熏蒸法。浸泡法是将原料直接浸泡于一定浓度（0.5%左右）的亚硫酸盐溶液中一定时间。熏蒸法即将原料放入密闭容器或房间中，点燃硫黄，气熏果块，起护色作用。

3）酸溶液护色。酸溶液可降低果蔬的pH值、抑制多酚氧化酶的活性、降低氧气的溶解度，从而抑制褐变的发生。生产上一般用0.5%～1.0%的柠檬酸溶液护色。

4）食盐溶液护色。将去皮切分后的原料浸泡于一定浓度的食盐溶液中可起到护色作用。原因是食盐对酶活性有一定的抑制作用，且食盐溶液可降低氧气的溶解度。果蔬加工中，常用1%～2%的食盐水护色。在其中加入0.1%的柠檬酸，则护色效果更好。在果脯、蜜饯的制作中，用氯化钙溶液浸泡，兼有护色和硬化果肉的作用。

5）抽空护色。抽空处理是通过减少果蔬原料环境中的氧气量来防止酶的氧化褐变。这种方法主要适用于组织疏松、含空气较多的原料，如苹果、番茄。所谓抽空即将原料置于糖水或无机盐水中，在真空状态下，使果块内部的空气释放出来。抽空条件主要取决于真空度，一般在87～93 kPa的真空度下抽空5～10 min，以抽透为准。抽空装置主要由真空泵、气液分离器、抽空罐等组成。

6）抗氧化剂处理。生产上一般用0.1%～0.5%的异抗坏血酸钠溶液浸泡果蔬，以达到抗氧化处理的效果。

四、我国果蔬加工产业的现状

1. 果蔬加工已形成优势产业带

目前，我国的果蔬加工业已形成了几个优势产业带。脱水果蔬加工主要分布在东南沿海省份及宁夏、甘肃等西北地区，果蔬罐头、速冻果蔬加工主要分布在东南沿海地区，浓缩苹果汁加工分布在环渤海地区（山东、辽宁、河北）和西北黄土高原地区（陕西、山西、河南），番茄酱加工以西北地区（新疆、宁夏和内蒙古）为主，桃浆加工以华北地区为主，热带水果（菠萝、杧果和香蕉）浓缩汁与浓缩浆加工以热带地区（海南、云南、广西等）为主，果蔬汁及其饮料加工以北京、上海、浙江、天津和广州等省市为主，榨菜、泡椒、腌菜以西南地区（包括重庆、四川、贵州、云南以及湖南一些省市及地区）为主，泡菜、酸菜以东北地区为主。

2. **技术和装备水平明显提高**

（1）果蔬汁加工领域

高效榨汁技术、高温短时杀菌技术、无菌包装技术、酶液化与澄清技术、膜技术等在果蔬汁生产中得到了广泛应用。果蔬加工装备，如苹果浓缩汁和番茄酱的加工设备基本是从国外引进的最先进的设备。在直饮型果蔬汁的加工方面，中国的大企业集成了国际上最先进的技术装备，如从瑞士、德国、意大利等著名的专业设备生产商引进的利乐、康美包、PET 瓶无菌灌装等生产线，具备了国际先进水平。

（2）果蔬罐头领域

低温连续杀菌技术和连续化去囊衣技术在酸性罐头（如菠萝、橘子罐头）中得到了广泛的应用；带 F 值计算功能的计算机控制杀菌设备在低酸性罐头生产中得到广泛的应用。

（3）脱水果蔬领域

除了传统的常压热风干燥技术外，真空干燥、真空冷冻干燥、微波干燥等干燥技术在生产中也得到了越来越多的应用。

（4）速冻果蔬领域

近些年，中国的果蔬速冻工艺技术有了许多重大发展。首先是速冻果蔬的形式由整体的大包装转向经过加工鲜切处理后的小包装；其次是冻结方式开始广泛应用以空气为介质的吹风式冻结装置、管架冻结装置、可连续生产的冻结装置、流态化冻结装置等，使冻结的温度更加均匀，生产效益更高。

3. **国际市场优势日益明显**

在农产品出口贸易中，果蔬加工品占有重要的比重。2011 年，我国农产品进出口总额为 1556.2 亿美元，其中，蔬菜类出口 87 亿美元，水果及坚果类出口 32 亿美元，果蔬加工品类出口 70 亿美元。

中国的果蔬汁中，苹果浓缩汁年生产能力达到 70 万 t 以上，居世界第一位；全球番茄酱贸易量是 180 万~200 万 t，我国番茄酱产量占世界的 40%。

中国的果蔬罐头产品已在国际市场上占据绝对优势和市场份额，如橘子罐头占世界产量的 75%，占国际贸易量的 80% 以上；蘑菇罐头占世界贸易量的 65%；芦笋罐头占世界贸易量的 70%。蔬菜罐头出口量超过 120 万 t，水果罐头超过 42 万 t。

中国脱水蔬菜出口量居世界第一，年出口平均增长率高达 18.5%。速冻果蔬以速冻蔬菜为主，占速冻果蔬总量的 80% 以上，产品绝大部分销往欧美国家及日本，年出口平均增长率高达 31%，年创汇近 3 亿美元。中国速冻蔬菜主要有甜玉米、芋头、菠菜、芦笋、青刀豆、马铃薯、胡萝卜和香菇等 20 多个品种。

4. **中国果蔬加工业存在的主要问题**

（1）果蔬加工原料专用加工品种缺乏，原料基地不足

目前，中国缺乏适宜加工的高品质果蔬品种，没有形成加工原料基地。农产品种植业与加工业的协调关系只是做到了“种植什么，加工什么”（而国外跨国公司是“加工什么，种植什么”），原料生产基地不稳定，原料生产不规范，果蔬农药残留量超标的问

题时有发生。

以水果加工为例，十多年的发展主要是追求数量的扩张，对质量重视不够，多数品质不高，优质果率小于30%，高档果率不足5%，许多品种面临淘汰，不适合加工。例如，适合加工果汁的苹果，在前些年中国种植的苹果品种中很难得到，不是出汁率低，就是色香味不适于加工果汁。再如，柑橘中橙类比重只有20%左右，而不耐储运的宽皮柑橘约占70%，适合加工果汁的专用品种更少，目前中国的橙汁是进口最多的果汁品种，约占进口总量的80%，适合加工葡萄酒的葡萄专用品种也不足20%。同时，水果品种结构不尽合理，苹果、柑橘、梨比例偏大，约占水果总产量的63%，且早、中、晚熟品种搭配不当，成熟期过于集中，以晚熟品种为主，缺乏优质的早、中熟品种。在蔬菜生产中，尽管我国蔬菜外观品质有了较大提高，但在花色、品种、时令、营养成分、无污染蔬菜的生产上与先进国家尚有差距。

（2）果蔬加工技术整体水平低

中国果蔬加工乃至农产品加工尚处于初级阶段，还未能向深层次推进，技术与装备落后是最主要的原因，如发达国家早已用在产业化上的食品生物技术、真空干燥技术、膜分离技术、超临界萃取技术等高新技术在中国多处于刚起步阶段，加工关键设备还依赖进口，中国果蔬加工企业的规模小、技术水平低、综合利用差、能耗高，加工出的成品品种少、质量不高。

就果品加工而言，一些技术难题尚未得到根本解决。例如，中国果汁生产中的果汁褐变、营养素损耗、芳香物逸散及果汁混浊沉淀等问题没有得到很好的解决，与国外先进水平还存在很大差距，这些技术难题也并没有因引进了国外果汁加工生产线而得到缓解。

（3）果蔬及其加工品质量标准体系尚不完善

要实现果蔬加工转化增值，首先要做的基本工作是建立适应市场经济发展要求和国际贸易规范的果蔬及其加工产品质量标准体系。近年来，中国虽然加强了标准的制定和修改工作，但是由于缺乏系统性，至今没有形成一套完整的果蔬及其加工产品质量标准体系，远不能满足国内市场发展的需要，也无法与国际市场接轨。中国主要水果加工品虽然都有相应的国家或行业标准，但加工果品质量标准、果品运输规则和果品加工全程质量控制体系等尚属空白。

项目一　鲜切果蔬加工技术

学习目标

1. 了解鲜切果蔬的概念。
2. 掌握鲜切果蔬加工的工艺流程。
3. 掌握鲜切果蔬加工的质量影响因素。

项目基础知识

一、鲜切果蔬概述

鲜切果蔬又称最少加工处理果蔬、半成品果蔬、轻度加工果蔬或半加工果蔬，以及切分（割）果蔬等，它是指以新鲜果蔬为原料，经清洗、切分、消毒、去除表面水分、包装等处理，可以改变其物理形状但仍能够保持新鲜状态，经冷藏运输而进入冷柜销售的即食果蔬产品。

由于鲜切果蔬具有新鲜、方便、营养和清洁卫生等优点，因此深受广大消费者的青睐。未经初加工的果蔬上市不仅会导致大量果蔬垃圾的产生，影响城市环境卫生，而且使得运输成本也大大增加。随着人民生活水平的提高，生活节奏的加快，净菜上市是现代市场的发展趋势。目前，工业化生产的鲜切果蔬品种主要有甘蓝、胡萝卜、生菜、芹菜、马铃薯、苹果、草莓、菠萝等。

鲜切果蔬在加工过程中，去皮、切分等加工会造成其组织损伤，使其中的酶作用及各种代谢急剧活化，致使果蔬品质迅速恶化，同时也为微生物的繁殖生长提供了有利的条件，使果蔬出现褐变、组织软化、切分表面木质化、腐烂等现象，甚至由于致病菌的繁殖生长而引起食物中毒等食品安全问题，因此研究如何延长鲜切果蔬的货架期显得十分重要。

二、鲜切果蔬加工的技术基础

1. 低温保鲜

低温能抑制微生物的生理代谢，从而抑制微生物的生长与繁殖；低温能抑制鲜切果蔬的酶活性，降低呼吸强度及各种生理生化反应速度，延缓鲜切果蔬的衰老和抑制褐变，延长其保鲜期。

不同果蔬对低温的忍耐力是不同的，每一种果蔬都有最佳的保存温度。当温度降低到某一程度时就会发生冷害，即代谢失调，产生异味及褐变加重等现象，果蔬的货架期缩短，特别是热带、亚热带果蔬尤为如此。因此，鲜切果蔬在低温下储存应控制在适当的温度，对于每一种果蔬有必要进行冷藏适温测试，以便在保持其品质的基础上，延长货架期，实现较高的经济效益。需要注意的是，在这种低温下仍有微生物可以生长繁殖，还需要结合其他栅栏技术，如酸化、气调包装等方法来延长鲜切果蔬的货架寿命。

2. 使用护色剂

酶促褐变是在氧化酶催化下的多酚类物质发生氧化和抗坏血酸发生氧化下的褐变，是鲜切果蔬主要的质量问题之一。添加异抗坏血酸钠、柠檬酸、食盐、植酸等物质都能较好地抑制鲜切果蔬的褐变，尤其是协同作用效果更佳。

3. 涂膜技术

涂膜保鲜技术因其成本低廉、无毒无害、保鲜效果良好而备受关注。壳聚糖、海藻酸钠、羧甲基纤维素、蛋白质可食性膜等可有效阻止果蔬中水分的蒸腾作用，阻止果蔬呼吸产生的二氧化碳的散失和大气中氧气的渗入，从而减少水分散失，抑制果蔬的呼吸强度，延缓其皱缩和萎蔫。

4. 气调储藏

气调储藏主要是降低氧气浓度，增加二氧化碳浓度。气调储藏可通过适当包装经由果蔬的呼吸作用而获得气调环境，也可以以人为地改变储藏环境的气体组成的方式进行。二氧化碳浓度为5%～10%、氧气浓度为2%～5%时，可以明显降低组织的呼吸速率，抑制酶活性，延长鲜切果蔬的货架寿命。不同的果蔬对最高二氧化碳浓度和最低氧气浓度的忍耐度不同，如果氧气浓度过低或二氧化碳浓度过高，将会导致低氧伤害和高二氧化碳伤害，使果蔬产生异味、褐变和腐烂。生产上一般采用自发性气调的薄膜包装。

5. 杀菌处理

鲜切果蔬，尤其是直接食用的鲜切果蔬，必须经过杀菌处理，杀灭所有致病菌和部分非致病菌。目前生产上应用最多的杀菌方法是氯（次氯酸钠、二氧化氯等）消毒和臭氧水消毒，使用的浓度分别为有效氯50～200 mg/L，臭氧0.4 mg/L以上，处理时间为1～2 min。

6. 其他处理

采用空气放电、脉冲电场等物理方法处理鲜切果蔬，可以保存其原有营养成分、新鲜度及风味。还有利用有益微生物的代谢产物抑制有害微生物，从而达到延长食品储藏期目的的处理方法。其中，拮抗微生物的选用、自然抗病物质的利用与鲜切果蔬的抗性诱导，是生物防治技术应用的重点内容。

三、鲜切果蔬加工工艺

1. 工艺流程

原料→选别→分级→清洗→去皮→切分（割）→杀菌、护色处理→脱水→包装→冷藏、运销。

2. 操作规程

（1）选别

果蔬在分级清洗前需要去除外叶、烂叶、病叶、果梗、不良果蔬等，同时还要去除加工损伤品，腐烂产品，异物以及被动物粪便、燃料、机油和食用油污染的产品。对于水果和果菜类，如番茄、甜辣椒等，需要去除混杂在果蔬中的杂叶、杂物、果梗上的叶片等，还需剪切果梗（使果梗与果肩平行，减少果梗对其他果蔬的刺伤）；有外叶及茎梗的蔬菜，如绿叶菜、生菜、芹菜等，需要去除所有腐烂、损伤、枯黄不良叶片和茎梗；根菜类如胡萝卜、马铃薯等需要去除表面的泥土。

（2）分级

按品质、大小、成熟度、色泽等进行分级。主要是按大小分级，进一步剔除不合格的果蔬，如机械伤、病虫害、畸形、残次、成熟度过低或过高等果蔬。分级可采用人工分级或分级设备分级，分级设备有滚筒式分级机和输送带式分级机等。

（3）清洗

清洗的目的主要是去除果蔬表面的灰尘、污物及残留农药等杂质。清洗不仅可以减少果蔬表面的病原菌数量，还可以洗去附着在果蔬表面的细胞液汁，减少褐变。清洗时通常在水中加入清洁剂，最常用的是偏硅酸钠，还可添加氯及氯化物（如次氯酸钠等），若果蔬表面残留农药过多，可用0.5%～1.0%的盐酸浸泡后再洗涤。

（4）去皮

通过手工去皮、机械去皮、热力去皮或化学去皮等方法完成。

（5）切分（切割）

采用手工或机械切分，按用户及原料的要求切成片、粒、条、块、段、丝等形状。

（6）杀菌、护色处理

切分后的产品用含氯消毒剂或含臭氧的自来水进行杀菌处理。对于易褐变的产品（如苹果、马铃薯），在切分后需要进行护色处理以抑制产品的褐变。杀菌、护色处理要根据果蔬种类甚至品种的不同，通过试验确定合适的褐变抑制剂品种及其使用浓度和时间。例如，0.5%柠檬酸和0.5%异抗坏血酸钠可以有效抑制鲜切苹果的褐变，但对鲜切茄子褐变抑制的效果却不如0.5%盐水的效果好。

（7）脱水

切分清洗后的果蔬其内外有许多水分，在这样湿润的状态下放置，很容易变质，因此，需要进行适当的脱水处理，可用离心机或振动筛进行。但过分脱水容易使果蔬干燥枯萎，反而使其品质下降，故脱水时间要适宜。

（8）包装

果蔬切分后若暴露在空气中，极易产生氧化变色、微生物污染及失水萎蔫等不良变化，所以应尽快进行包装处理。包装时应注意避免使用污染、损坏或有缺陷的容器或搬运工具，防止包装过程中微生物污染鲜切产品。包装材料的选择主要根据果蔬种类的不同而选择不同的种类和薄厚的包装材料。生产上多采用自发性气调的薄膜包装。

（9）冷藏、运销

包装后的果蔬应尽快降温至4℃以下储藏，抑制酶活性和微生物的繁殖生长。运输车辆应为冷藏车，车辆和容器要经过清洗、消毒处理。销售时一般采用冷柜销售。

任务1　鲜切花椰菜加工

本任务将完成鲜切花椰菜的加工，即采用新鲜花椰菜作为原料，预处理后用塑料薄膜包装再冷藏。其关键技术是盐水驱虫方法、包装塑料薄膜的厚度及冷藏温度的确定。

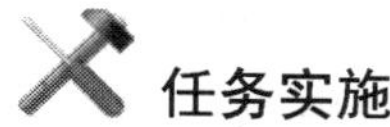

任务实施

一、加工鲜切花椰菜

1. 工艺流程

原料→选别→去叶→浸盐水、漂洗→切分→护色→包装、预冷→冷藏、运销。

2. 操作规程

(1) 选别

原料要求新嫩洁白，花球紧密结实，无杂色、斑疤，无病虫害。

(2) 去叶

用小刀修整剔除菜叶，并削除表面少量的霉点、杂色部分，按花球色泽将原料分成白色和乳白色两类。

(3) 浸盐水、漂洗

浸盐水的目的是驱虫，方法是将去叶后的花椰菜用2.5%～3%的盐水浸渍10～15 min，然后用清水漂洗并清除杂质污物。

(4) 切分

漂洗后的花椰菜沥干水分后从茎部切下大花球，再切成小花球，按成品规格操作，不要损伤其他小花球，茎部切削要平正，小花球直径为3～5 cm，茎长2 cm以内为宜。

(5) 护色

将切分后的花椰菜投入0.2%异抗坏血酸、0.2%柠檬酸、0.2%氯化钙混合溶液中浸泡15～20 min。

(6) 包装、预冷

护色后的原料捞起沥干水分后，用PA/PE复合袋真空包装，真空度为0.05 MPa，置于0～1℃预冷。

(7) 冷藏、运销

预冷后的花椰菜产品入冷库冷藏或直接运销，冷藏、运销温度控制在0～1℃。

二、产品质量控制

1. 加工过程质量控制

鲜切果蔬的货架保质期一般为3～10天。鲜切果蔬在储藏过程中的质量问题主要是微生物繁殖、腐败、褐变、组织结构软化、失水等。如何保证产品质量是延长产品货架期的关键。由于鲜切果蔬经去皮、切割等加工后其内部组织受到伤害，浸染微生物的机会大大增加，加上原有的保护系统被破坏，其汁液外流，给微生物的生长提供了良好的营养基质，加速了微生物繁殖；同时果蔬组织中的酶直接与底物接触，增加了各种各样生理生化反应的发生，如呼吸加强、乙烯生成量增加、各种代谢加快等，从而加快了鲜切果蔬的衰老和腐败变质。因此，为了保证鲜切果蔬的质量，延长货架期，需要从下面几个方面对加工过程进行控制。

（1）切分的大小与刀刃锋利状况

切分大小是影响鲜切果蔬品质的重要因素之一，切分得越小，切分面积就越大，其整体保护系统受到破坏性也越大，保存性越差。刀刃的锋利状况与鲜切果蔬的保存时间也有很大的关系，刀刃越锋利，果蔬受到的损伤越小，反之钝刀切割的果蔬损伤就大，容易腐败变质。

（2）清洗和控水

病原菌数量与鲜切果蔬储藏品质有密切的关系。病原菌数量越多，繁殖越快，鲜切果蔬的保存时间就越短。所以，对鲜切果蔬的清洗是必需的，清洗干净不仅可以减少病原菌数量，还可以洗去附着在切分果蔬表面的汁液，减少微生物繁殖生长的机会及减轻褐变。

鲜切果蔬洗净后还需要使用离心机除去部分水分，否则会增加微生物繁殖增长的机会，但过分脱水会使鲜切果蔬干燥枯萎，鲜度品质下降，故不同果蔬的脱水量需要控制。

（3）包装

鲜切果蔬暴露于空气中，会发生失水萎蔫、切面褐变现象，可以通过适当的包装防止或减轻。需要注意的是，不同包装材料的透气性不同，不同的果蔬应进行包装适应性试验，以确定包装材料。一般而言，透气率大和真空度低时，鲜切果蔬易发生褐变，透气率小和真空度高时，易发生无氧呼吸，加速衰老变质。在包装袋的环境下，鲜切果蔬由于呼吸作用消耗氧气产生二氧化碳，结果氧气减少，二氧化碳增加。需要注意的是，鲜切果蔬呼吸作用会大大加快，所以要选择适宜的包装材料来控制合适的透气率和合适的真空度，确保合适的环境条件延长鲜切果蔬的货架期。

2. 终产品质量控制

鲜切果蔬应按照检验规程对产品实施抽样检验。鲜切花椰菜的感官指标应符合表1—1的要求，污染物限量指标应符合《食品中污染物限量》（GB 2762—2012）的规定；农药残留限量应符合《食品中农药最大残留限量》（GB 2763—2012）的规定，微生物指标应符合表1—2的要求。

表1—1　鲜切果蔬感官指标

项目	指　标
外观	新鲜、机械损伤不超过5%，无腐烂、无病虫害
颜色	符合该品种的颜色
质地	符合该品种质地、不萎蔫、无冻害
风味	符合该品种风味、无异味、无不良风味

注：本表引自《鲜切蔬菜》（NY/T 1987—2011）。

表 1—2　鲜切果蔬微生物指标

项目	要求
菌落总数/（cfu/g）	≤10^6
大肠菌群/（cfu/100 g）	≤100
致病菌	不得检出

注：①本表仅适用即食鲜切果蔬
②本表引自香港食品安全中心的《即食食品微生物限量指引》（2007 年版）

任务 2　鲜切菠萝加工

本任务将完成鲜切菠萝的加工。菠萝是热带和亚热带地区的著名水果，其果形美观，汁多味甜，有特殊香味，是深受人们喜爱的水果。本任务采用新鲜菠萝为原料，其关键技术是浸渍混合糖液以及储藏温度的确定。

任务实施

一、加工鲜切菠萝

1. 工艺流程

原料→选别→分级→切端、捅心、去皮、刁目→清洗、切分→浸渍→包装、预冷→冷藏或运销。

2. 操作规程

（1）选别

原料要求为成熟度在 85% 左右，无病虫害，无机械损伤的新鲜菠萝。

（2）分级

按果实大小分级：特级 110 mm（果径大小）以上，一级 100 ~ 110 mm，二级 90 ~ 100 mm，三级 80 ~ 90 mm，四级 80 mm 以下。

（3）切端、捅心、去皮、刁目

切端后按果实大小（果心大小）捅心，然后去皮，刁目，剔除斑点。

（4）清洗、切分

清洗干净，沥干水分。可切成 1. 2 cm 左右厚的圆片、半圆片、扇片、大碎块等。

（5）浸渍

把切分后的菠萝片用 40% ~50% 的糖液浸渍 15 ~20 min，在糖液中加入 0. 5% 的柠檬酸。

（6）包装、预冷

浸渍后将菠萝片捞起用 PE 袋包装，按果肉与糖液比例为 4∶1 加入，然后送到预冷库预冷至 2 ~4℃。

（7）冷藏或运销

产品装箱后于2～4℃的冷库中储藏或在2～4℃的环境下运销。

二、产品质量控制

参见任务1。

任务3 鲜切胡萝卜加工

本任务将完成鲜切胡萝卜的加工，即采用鲜胡萝卜为原料，使用气调包装储藏以进行保鲜。其关键技术是塑料薄膜种类及厚薄的选择、不同气体成分的确定及控制。

一、加工鲜切胡萝卜

1. 工艺流程

原料→选别→分级→清洗→去皮→切分→包装→冷藏。

2. 操作规程

（1）选别、分级

选择含水量较低的品种，储藏期不超过2个月。

（2）清洗、去皮

去除染病部位，冲洗干净，用去皮机去皮。

（3）切分

将去皮的原料切成3 mm厚的条状，用清水喷洗，再离心脱水。

（4）包装、冷藏

用0.04 mm厚的聚丙烯薄膜袋包装，每袋装500～1 000 g，装袋后充入3%～5%的氧气、3%～6%二氧化碳和90%的氮气的混合气体，立即密封，预冷后于1～3℃下储藏。

二、产品质量控制

参见任务1。

果蔬气调储藏

新鲜果蔬采收后是一个有生命的活体，在储藏过程中仍然进行着正常的以呼吸作用为主导的新陈代谢活动，表现为消耗氧气，释放二氧化碳，并释放一定的热量。正常空气中氧气和二氧化碳的浓度分别为20.9%和0.03%。适当降低储藏环境中的氧气浓度和适当提高二氧化碳的浓度，可以抑制新鲜果蔬的呼吸作用，降低呼吸强度，推迟呼吸高峰出现的时间，延缓新陈代谢速度，从而达到推迟果蔬成熟衰老，减少营养成分和其他物质的降低和消耗的目的。低氧气高二氧化碳还能起到抑制乙烯的生物合成，削弱乙烯的生理作用，抑制某些生理病害发生发展的作用，减少果蔬在储藏过程中的腐烂损失。这些都有利于延长新鲜果蔬的储藏寿命。低氧气高二氧化碳浓度的效果在低温下更为显著。气调储藏方法可分为人工气调储藏和自发气调储藏两种。

1. 人工气调储藏

人工气调储藏（CA）是指在相对密闭的环境中（如库房）和冷藏的基础上，根据产品的需要，采用机械气调设备，人工调节储藏环境中气体成分的浓度并保持稳定的一种储藏方法，由于氧气和二氧化碳的比例能够严格控制，而且能做到与储藏温度密切配合，因而该方法的储藏效果好，但气调库建筑投资大，运行成本高，制约了其在果蔬储藏中的应用和普及。

2. 自发气调储藏

自发气调储藏（MA）又称简易气调或限气储藏，是在相对密闭的环境中（如塑料薄膜密闭环境中），依靠储藏产品自身的呼吸作用和塑料膜具有一定程度的透气性，自发调节储藏环境中的氧气和二氧化碳浓度的一种气调储藏方法。塑料薄膜密闭气调法使用方便，成本较低，可设置在普通冷库内或常温储藏库内，还可以在运输中使用，是气调储藏中的一种简便形式。

可用于果蔬密闭储藏保鲜的薄膜种类很多，目前广泛应用的材料有低密度聚乙烯（LDPE）、高密度聚乙烯（HDPE）、聚氯乙烯（PVC）、聚丙烯（PP）、聚乙烯醇（PVA）等，它们与硅橡胶模黏合可制成硅窗气调袋（帐）。

自发气调储藏有以下几种主要形式：

（1）薄膜单果包装储藏

主要用于苹果、梨和柑橘等水果的储运，多选用 0.01～0.015 mm 厚的聚乙烯薄膜袋单果包装。

（2）薄膜包装储藏

将产品放在塑料薄膜包装（袋、保鲜膜）内，密封后储藏。鲜切果蔬基本都采用薄膜包装储藏。

（3）塑料大帐密封储藏

储藏产品用透气的包装容器盛装，码成垛，垛底先铺一层垫底薄膜，再在其上摆放垫木，使盛装产品的容器架空。码好的垛用塑料帐罩住，帐子和垫底薄膜的四边互相重叠卷起埋入垛四周的小沟中，或用其他重物压紧，使帐子密闭。也可以用活动储藏架在装架后整架密闭。密封帐多做成长方形，在帐的两端分别设置进气袖口和出气袖口，以供调节气体使用。在密封帐上还应设置取分析气样的取气孔。密封帐多选用厚度为 0.07～0.20 mm 的聚乙烯塑料薄膜制成，并可设置在普通冷库或常温库内。

（4）硅橡胶窗气调储藏

用硅橡胶窗作为气体交换窗，镶在塑料帐或塑料袋上，起自动调节气体成分的作用，称为硅橡胶窗气调储藏。

~思考与练习~

1. 什么是鲜切果蔬？它有什么特点？
2. 鲜切果蔬加工的基本原理有哪些？各有什么特点？
3. 鲜切果蔬的一般工艺流程包括什么？各步骤应如何操作？
4. 鲜切果蔬中常见的护色方法有哪些？

项目二　果蔬干制品加工技术

学习目标

1. 理解果蔬干燥过程中水分扩散的途径。
2. 理解水分活度与干制品保藏的关系。
3. 掌握影响干制速率和产品质量的因素。
4. 掌握果蔬干制的方法和工艺。

项目基础知识

一、果蔬中的水分与食品保藏性

1. 果蔬中的水分

新鲜果蔬的水分含量很高，水果含水量为70% ~90%，蔬菜的含水量为75% ~95%。根据果蔬组织与水结合力的状况，可将果蔬中的水分分为结合水分和非结合水分（游离水分）。结合水分包括物料细胞壁内的水分、物料内毛细管中的水分及以结晶水的形态存在于固体物料之中的水分等。结合水分依靠化学力或物理化学力与物料相结合，由于结合力强，其蒸汽压低于同温度下纯水的饱和蒸汽压，故去除结合水分较困难。非结合水分包括机械地附着于固体表面的水分，如物料表面的吸附水分、较大孔隙中的水分等。果蔬中非结合水分含量很高，可占总含水量的70% ~80% （见表2—1）。物料中非结合水分与物料的结合力弱，其蒸汽压与同温度下纯水的饱和蒸汽压相同，干燥过程中除去非结合水分较容易。

表2—1　几种果蔬中不同形态水分的含量

名称	总水量	非结合水分	结合水分
苹果	88.70%	64.60%	24.10%
甘蓝	92.20%	82.90%	9.30%
马铃薯	81.50%	64.00%	17.50%
胡萝卜	88.60%	66.20%	22.40%

物料的结合水分和非结合水分的划分只取决于物料本身的性质，而与干燥介质的状态无关；平衡水分与自由水分则还取决于干燥介质的状态。干燥介质状态改变时，平衡水分和自由水分的数值将随之改变。

根据果蔬水分能否用干燥方法除去，可将果蔬中的水分分为平衡水分和自由水分。物料中的水分与一定温度、相对湿度的不饱和湿空气达到平衡状态时，物料所含水分称为该空气条件下物料的平衡水分。自由水分是在干燥过程中能除去的水分，是物料中超出平衡水分的那一部分水分。平衡水分代表物料在一定空气条件下可以干燥的限度。平衡水分随物料的种类及空气的状态不同而异。

2．水分活度与食品保藏性

水分活度是指溶液中水的逸度与同温度下纯水逸度之比，也就是指溶液中能够自由运动的水分子与纯水中的自由水分子之比。可近似地表示为溶液中水分的蒸汽压与同温度下纯水的蒸汽压之比，其计算公式如下：

$$A_w = p/p_0$$

式中 A_w——水分活度；

p——溶液或食品中的水蒸气分压；

p_0——纯水的蒸汽压。

水分活度介于0~1之间，纯水的水分活度等于1。

微生物的活动离不开水分，它们的生长发育需要适宜的水分活度。减小水分活度时，首先受到抑制的是腐败性细菌，其次是酵母菌，最后才是霉菌。

大多数果蔬的水分活度都在0.99以上，所以各种微生物都能导致果蔬的腐败。细菌生长所需的最低水分活度最高，当果蔬的水分活度值降到0.90以下时，就不会发生细菌性的腐败，而酵母菌和霉菌仍能旺盛生长，导致腐败变质。一般认为，在室温下储藏干制品，其水分活度应降到0.7以下方为安全，但还要根据其他条件，如果蔬种类、储藏温度和湿度等因素而定。果蔬干燥过程中也会因干燥条件（温度、时间等）的不同而杀死部分微生物，但干燥过程的杀菌强度有限，干制品上仍有大量休眠的微生物，一旦干制品回潮，水分活度增高，微生物就会重新繁殖生长，导致产品腐败变质。

二、果蔬干制原理

果蔬脱水干制的基本过程就是将热量传递给果蔬并促使果蔬中的水分向外转移。因此，如何确保外界热量有效地传递至果蔬内部及果蔬水分向外转移（扩散），是果蔬干制的核心问题。

1．水分扩散

果蔬干制过程中的水分蒸发主要依赖的是两种作用，即水分的外扩散和内扩散作用。在干制初期，首先是原料表面的水分吸热变为蒸汽而大量蒸发，称为水分的外扩散。它取决于果蔬原料的表面积、空气流速、空气的温度和相对湿度。表面积越大，空气流速越快，空气温度越高，相对湿度越小，则水分的外扩散速度越快。当表面水分低于内部水分时，将造成原料表面水分与内部水分之间出现水蒸气分压差，水分由内部向表面转移，这称为水分的内扩散。水分的内扩散作用是借助于内外层的湿度梯度，使水分由含水分高的部位向含水分低的部位转移。湿度梯度越大，水分内扩散的速度就越快。

影响水分内扩散速度的因素还有温度梯度。果蔬在干制过程中，有时采取升温—降温一再升温的方式，使原料内部的温度高于表面的温度，形成温度梯度，水分借助温度梯度沿热流方向由内向外移动而蒸发。

为了使原料中的水分顺利地扩散蒸发，就必须使水分的内扩散与外扩散相互协调。如果外扩散的速度远远大于内扩散，就会使果蔬表层水分蒸发太快，原料表面就会因过度干燥而形成硬壳，这种现象称为“结壳”现象。它的形成隔断了水分内扩散的通道，阻碍了水分的继续蒸发。若这时原料内部水分含量高，蒸汽压力大，原料较软的组织往往会被挤破，并使结壳的原料发生开裂，汁液流失。结壳的形成，既影响干燥速度，又影响干制品的质量。

不同种类、不同形状的原料在不同的干燥介质作用下，其水分扩散的方式和速度不同。一般可溶性固形物含量低、干燥时切片薄的果蔬，如萝卜片、黄花菜、苹果片等干燥时，内部水分的扩散速度往往大于表面水分的汽化速度，这时干燥速度取决于水分的外扩散。对于一些可溶性固形物含量高、个体较大的果实或蔬菜，如枣、柿等，在干燥时，内部水分的扩散速度小于表面的汽化速度，这时干燥速度就取决于水分的内扩散。

2. 果蔬干制过程特性

果蔬干制过程特性可由干燥曲线、物料温度曲线和干燥速率曲线加以表达。

干燥曲线是指在恒定的干燥条件下，物料的含水率与时间的关系曲线（见图 2—1 中的 *ABCD*）。物料温度曲线是指在干制过程中，物料的温度与时间的关系曲线（见图 2—1 中的 *EFHJ*）。干燥速率曲线是指单位干燥面积上汽化的水分量与时间的关系曲线，如图 2—2 所示。

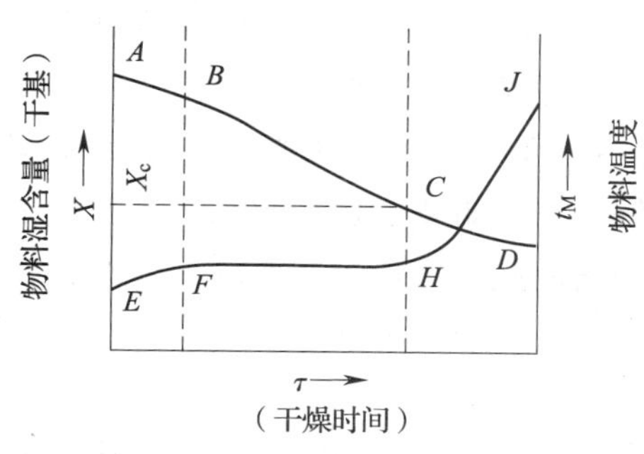

图 2—1 干燥曲线和温度曲线

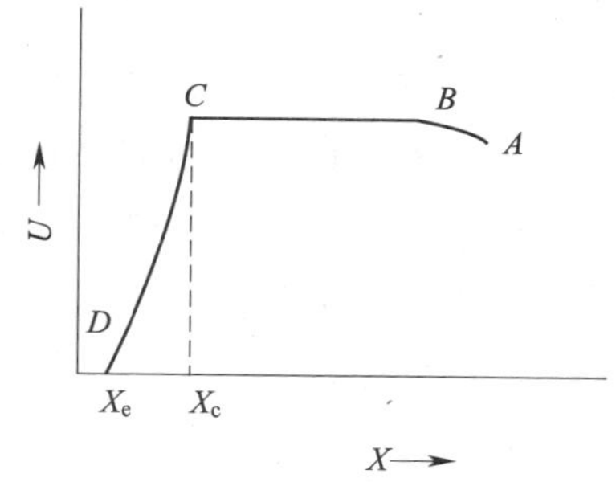

图 2—2 干燥速率曲线

图 2—1 和图 2—2 中，*ABC* 段表示干燥第一阶段，*BC* 段为恒速干燥阶段，*AB* 段为物料的预热阶段，但此段所需的时间很短，一般并入 *BC* 段内考虑。*CD* 段为第二阶段，在此阶段，干燥速率随物料含水量的减小而降低，称为降速干燥阶段。两个干燥阶段之间的交点称为临界点。与该点对应的物料含水量称为临界含水量 X_c。临界水分随物料本身的性质、厚度和干燥速率的不同而异，通常临界水分随恒速阶段的干燥速度和物料厚度的增加而增大。

在恒速干燥阶段，干燥速度由水的表面汽化速度，即外扩散所控制；在降速干燥阶段，干燥速度由水分从物料内部移动到表面的速度，即内扩散所控制。

从图 2—1 的物料温度曲线 *EFHJ* 可以看出，在临界点后，物料温度升高，操作时需注意酶、蛋白质等热敏性物质的变性。

3. 影响干燥速度的因素

(1) 干燥介质的温度和相对湿度

果蔬干制时，干燥介质的温度和相对湿度决定着干燥速度的快慢。干燥的温度越高，果蔬中的水分蒸发越快；干燥介质的相对湿度越小，水分蒸发越快，干燥速度就越快。但温度过高反而会使果蔬汁液流出，糖和其他有机物质发生焦化或者褐变，影响制品品质；反之，如果温度过低，干燥时间延长，产品容易氧化褐变，严重者会发霉变味。一般来说，对于含水量高的原料，干燥温度可维持高一些，后期则应适当地降低温度，使外扩散与内扩散相适应。对含水量低和可溶性固性物含量高的果蔬原料，干燥初期不宜采用过高的温度和过低的湿度介质，以免引起表面结壳、开裂和焦化。具体所用温度的高低，应根据干制品的种类来决定，一般为40～90℃。

(2) 空气流速

空气流速越大，果蔬干燥速度也就越快。因为，加大空气流速，可以将表面蒸发出的、聚集在果蔬周围的水蒸气迅速带走，及时补充未饱和的空气，使果蔬表面与其周围干燥介质始终保持较大的湿度差，从而促使水分不断地蒸发，同时还促使干燥介质所携带的热量迅速传递给果蔬原料，以维持水分蒸发所需的温度。为此，人工干制设备中，常用鼓风的办法增大空气流速，以缩短干燥时间。

(3) 原料的种类和状态

果蔬原料种类不同，其理化性质、组织结构也不同，即使在相同的干燥条件下，其干燥速度也不同。一般来说，果蔬的可溶性物质含量越高，水分蒸发的速度越慢。物料切成片状或小颗粒后，可以加速干燥。因为这种状态缩短了热量向物料中心传递和水分从物料中心向外扩散的距离，从而加速了水分的扩散和蒸发，缩短了干制的时间。显然，物料的表面积越大，干燥的速度就越快。例如，把胡萝卜切成片状、丁状和条状进行干燥，结果片状干燥速度最佳，丁状次之，条状最差，这是由于前两种形态的胡萝卜蒸发面积大的缘故。

(4) 原料的装载量

原料的装载量和装载厚度对于果蔬的干燥速度影响很大。载料盘上原料装载过多、厚度过大时，不利于空气流通，会影响水分的蒸发。

三、果蔬的干制方法

1. 空气对流干燥法

空气对流干燥法是利用干热空气与果蔬物料接触并带走物料中水分的干燥方法。它是最常见的食品干燥方法，果蔬生产上常用的空气对流干燥法有隧道式热风干燥法、喷雾干燥法、气流干燥法、流化床干燥法、带式干燥法等。

(1) 隧道式热风干燥法

隧道式热风干燥法的干燥设备是隧道式干燥机。这种干燥机的干燥室为狭长的隧道形，地面铺铁轨，装好原料的载车沿铁轨经隧道完成干燥，然后从隧道另一端推出，下一车原料又沿铁轨再推入。也有的干燥机的载车安装有万向轮，不使用铁轨。

隧道式干燥室一般长 12 ~ 18 m、宽 1.8 m、高 1.8 ~ 2 m。隧道式干燥机可根据被干燥的产品和干燥介质的运动方向分为逆流式、顺流式和混合式（又称复式或对流式）三种形式。

1）逆流式干燥机。料车前进的方向与干热空气流动的方向相反。原料由隧道低温高湿的一端进入，由高温低湿的一端完成干燥过程出来。桃、杏、李、葡萄等含糖量高，汁液黏厚的果实适合采用这种干燥机进行干制。

2）顺流式干燥机。料车的前进方向和空气流动的方向相同。原料从高温低湿的热风一端进入。这种干燥机适宜干制含水量高的蔬菜。

3）混合式干燥机。如图 2—3 所示，料车首先进入顺流式隧道，用较高的温度和较大的热风吹向原料，加快原料水分的蒸发。随着料车向前推进，温度逐渐下降，湿度也逐渐增大，水分蒸发趋于缓慢，有利于水分的内扩散，不致发生结壳现象，待原料大部分水分蒸发以后，料车又进入逆流式隧道，从而使原料被干燥得比较彻底。混合式干燥机具有能连续生产，温湿度易控制，生产效率高，产品质量好等优点。

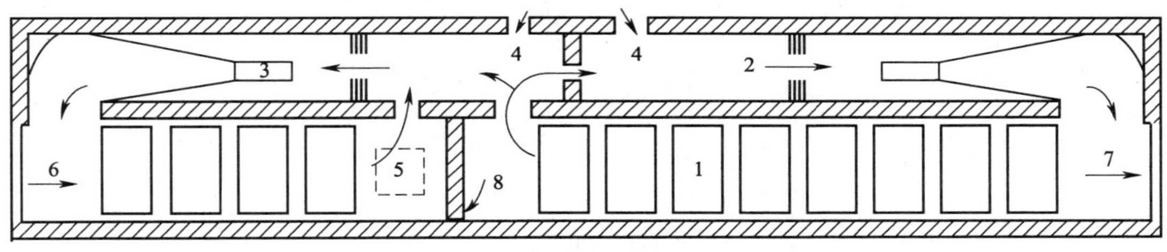

图 2—3　混合式隧道干燥机

1—物料车　2—加热器　3—风机　4—空气入口　5—空气出口　6—湿料入口　7—干料出口　8—活动隔板

（2）喷雾干燥法

喷雾干燥流程如图 2—4 所示，原料通过喷雾器形成雾滴分散于热气流中，雾滴直径可达 100 μm 以下。因此，这种干燥方法的干燥表面积大，干燥速度快，一般干燥时间在 10 s 以下。干燥产品落到干燥器底部回收，气流带出的部分用旋风分离器回收。由于喷雾干燥速度快、时间短，所以适用于香蕉粉、马铃薯粉等物料的干燥。

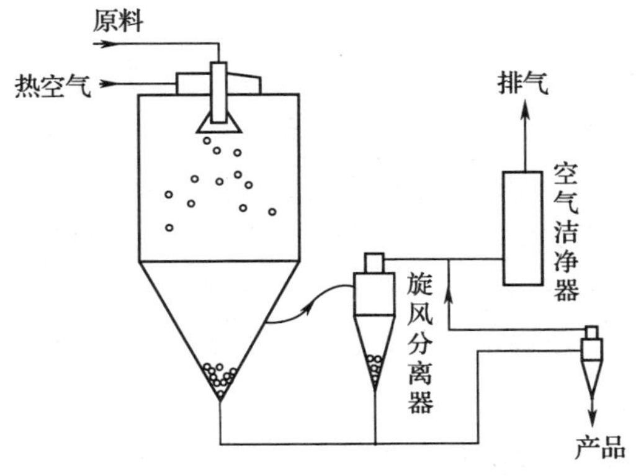

图 2—4　喷雾干燥流程

(3) 气流干燥法

气流干燥器如图 2—5 所示，预热的热空气高速（20 ~ 40 m/s）流过气流干燥管，颗粒状物料悬浮于热空气气流中，在气流输送过程中得到干燥，在干燥管出口处用旋风分离器回收干燥产品。由于气流流速很高，粒径很小的颗粒很难回收。所以，气流干燥器的干燥物料颗粒一般不小于 50 μm，通常为 50 ~ 300 μm，这样既能保证干燥速度快、时间短，又能使产品的旋风分离回收比较容易。气流干燥器处理量大，干燥速度快，可用于粉状物质的干燥。

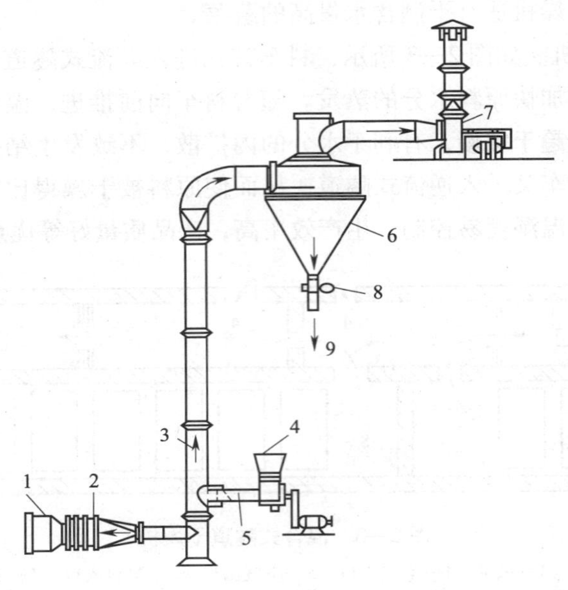

图 2—5　气流干燥器

1—空气过滤器　2—预热器　3—气流干燥管　4—进料斗　5—螺旋加料器
6—旋风分离器　7—风机　8—气封　9—产品出口

(4) 流化床干燥法

流化床干燥法又称为沸腾干燥，物料颗粒在流化床干燥器（见图 2—6）内呈流化状态，气流带出的少量细粉用旋风分离器回收，可用于粉状物料的干燥。

(5) 带式干燥法

图 2—7 所示为四层传送带式干燥机，它能够连续转动。四层传送带式干燥机是使用输送带作为输送原料装置的干燥机。常用的输送带有帆布带、橡胶带、涂胶布带、钢带和钢丝网带等。原料铺在带上，借助机械力而向前运动，与干燥室的干燥介质接触，而使原料干燥。当上层温度达 70℃时，将原料由顶部入口定时装入，随着传送带的运动，原料由最上层逐渐向下移动，至干燥完毕后，从最下层的一端出来。这种干燥机可用蒸汽加热，散热片装在每层传送带中间，新鲜空气由下层进入，湿空气由上部出气口排出。

2. 冷冻干燥法

果蔬冷冻干燥法是将含水物料先行冻结，然后将物料置于高真空条件下缓慢加热，使物料中的水分从冰直接转化为水汽排出的方法，又称为冷冻升华干燥法或真空冷冻干燥

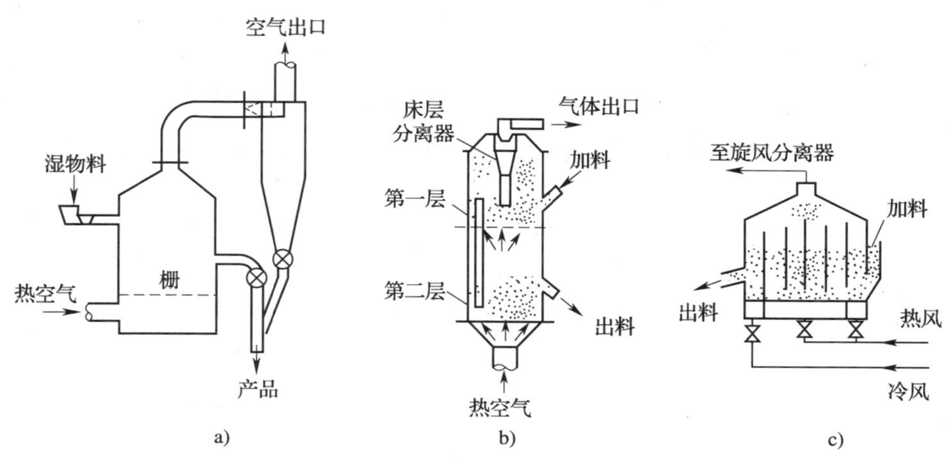

图 2—6　流化床干燥器

a）单层流化床　b）多层流化床　c）卧式多室流化床

法。与热风干燥法一样，冷冻干燥法也是依靠水分内扩散和外扩散来实现果蔬的脱水。不同之处在于，在热风干燥过程中，果蔬物料中的水分从液相（液态水）转化为气相（水汽）并扩散至果蔬表面外；在冷冻干燥过程中，果蔬物料中的水直接从固相（冰）转化为气相（水汽）并扩散至果蔬表面外。因此，要掌握冷冻干燥法，除了需理解前面介绍的干燥特性外，还应掌握以下知识：

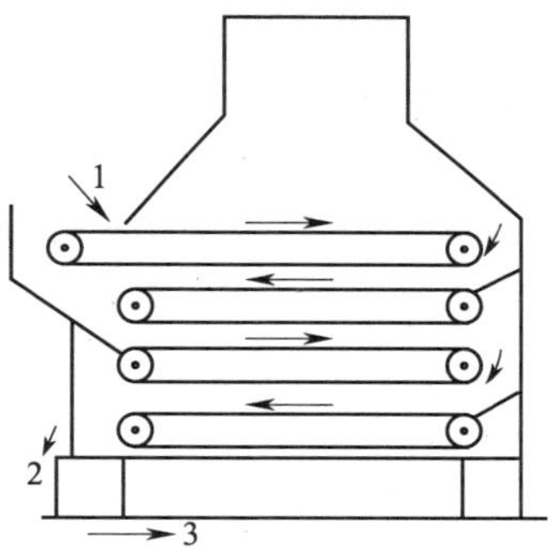

图 2—7　带式干燥机

1—原料进口　2—原料出口

3—原料运动方向

（1）冷冻干燥过程水相的变化特性

从理论上已知，水有三相：液相、气相和固相，图 2—8 所示为水的三相图。图中 *OA*、*OB*、*OC* 三条线分别表示冰和水、气间的关系，分别称为熔化曲线、汽化曲线和升华曲线，*O* 点称为三相点。

水和水蒸气、冰和水蒸气两相共存时，水蒸气与温度在三种相态之间达到平衡时必有一定的条件，此为相平衡关系。随着压力的不断降低，冰点的变化不大，而沸点则越来越靠近冰点。当压力下降到某一数值时，沸点与冰点重合，固态冰就可以不经液态而直接转化为气态，这时的压力称为三相点压力，其相应的温度称为三相点温度。水的三相点压力为 610. 5 Pa，三相点温度为 0. 009 8℃，在压力低于三相点压力时，固态的冰可以直接化为气态的水蒸气，此为升华现象。水升华时所吸收的潜热量称为升华潜热或升华热。例如压力高于 610. 5 Pa，从固态冰等压加热升温，必须经过液态才能到达气态；又如压力低于 610. 5 Pa，固态冰加热升温的结果将直接化为气态。冷冻干燥最基本的原理就在于此，故冷冻干燥又称升华干燥，含水食品的冷冻干燥就是在水的相平衡关系中三相点以下区域内进行的低温低压干燥。

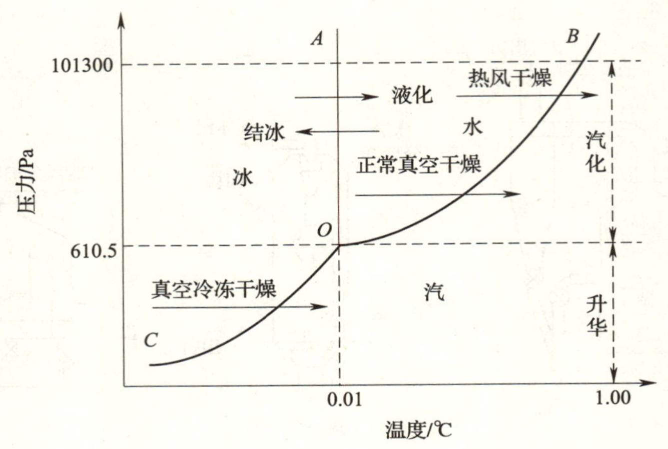

图 2—8　水的三相图

根据压力减小，沸点下降的原理，由图 2—8 可见，当压力降低到 610. 5 Pa 时，温度在 0℃以下，物料中的水分即可从冰不经过液相而直接升华成水汽。但这是对纯水而言，如为一般食品，其中含有的水，基本上是某种溶液，冰点比纯水要低，因此升华的温度为 -20 ~ -5℃，相应的压力在 133. 29 Pa 左右。图 2—9 中 *A* ~ *D* 分别表示物料在冷冻干燥器内的状态和物料干燥过程。

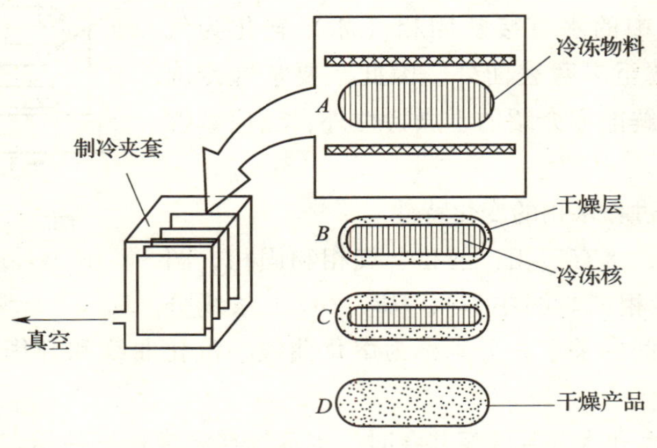

图 2—9　冻干过程示意

（2）果蔬的共晶点和共熔点

共晶点是当物料中的水分全部冻结时物料的温度。共熔点是已经全部冻结成冰的物料温度升高到冰晶开始熔化时的温度。

冻结的最终温度常以物料的共晶点做依据，在冷冻过程中必须保证物料的温度低于其共晶点，否则，就不能保证物料全部冻结。干燥时物料冷冻层的温度以其共熔点为依据，在干燥过程中，物料干燥层的温度必须低于其共熔点，否则，就不能保证水分全部以汽化的形式去除。

共晶点和共熔点虽然是在冻结和升温这两个相反的物理变化过程中电阻值发生突变

时的温度值，但共晶点和共熔点并不重合，同一种物料的共熔点要比共晶点偏高一点，这是因为共晶点是物料中的水分全部冻结时的温度，而共熔点是已经全部冻结的物料温度升高到开始熔化的温度。表 2—2 为几种蔬菜共晶点、共熔点的测定结果。

表 2—2　　几种蔬菜的共晶点、共熔点　　℃

物料	共晶点	共熔点	物料	共晶点	共熔点
土豆	-22.5	-16.8	生姜	-25	-21.5
大蒜	-23.6	-21.8	大葱	-8.2	-6.3
辣椒	-17.1	-15.6	黄瓜	-17.0	-15.4
胡萝卜	-18.1	-14.8			

共晶点和共熔点是物料的物理参数，与物料的温度高低、物料所处何种状态和冷冻速率没有关系，只与物料的种类、物料的组织结构和物料的含水率、密度、浓度等因素有关。

(3) 冷冻干燥机简介

冷冻干燥机的结构如图 2—10 所示。

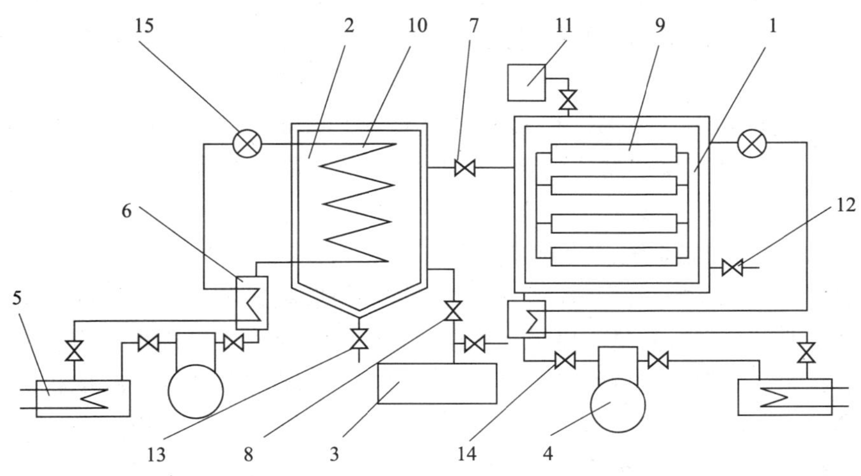

图 2—10　冷冻干燥机结构

1—冷冻干燥室　2—冷阱　3—真空泵　4—制冷压缩机　5—水冷却器　6—热交换器　7，8，12，13，14—阀门　9—加热板　10—冷凝器　11—真空表　15—膨胀阀

1) 冷冻干燥室。冷冻干燥室是一个能够制冷到 -40℃左右，能够加热到 50℃左右的高低温箱，也是一个能抽成真空的密闭容器，是冷冻干燥设备的重要组成部件之一，是干燥过程中传热和传质的场所，它的性能好坏直接影响到冷冻干燥设备的性能。需要冻干的产品放在箱内分层的金属板层上进行冷冻，并在真空下加温，使产品内的水分升华而干燥。干燥室的形状主要有圆形和矩形两种。圆形干燥室操作容易、强度高、制作费用低，但其内部空间利用率低。矩形干燥室的空间利用率高，但制造费用高。

2）冷凝器。冷凝器同样是一个真空密闭容器，在它的内部有一个较大表面积的金属吸附面，吸附面的温度能降到 -40℃以下，并且能恒定地维持这个低温。冷凝器的功用是把冻干箱内产品升华出来的水蒸气冻结吸附在其金属表面上。

3）真空系统。真空系统包括真空干燥箱、隔离阀、水蒸气捕集冷凝器、真空泵、连接管道以及放气阀等。当真空泵工作时，打开隔离阀，真空干燥室内的空气及水蒸气经过水蒸气捕集冷凝器捕获水分后进入真空泵，由真空泵的排气口排出系统外。

4）制冷系统。制冷压缩机的功用是将干燥室中的水蒸气冷凝吸附变成冰，以免进入真空泵。制冷系统一方面可以减小真空泵的工作负担，另一方面能够保证干燥室具有较低的真空度。制冷系统由制冷压缩机与冷冻干燥箱、冷凝器内部的管道等组成，制冷压缩机可以是互相独立的两套，即一套制冷冷冻干燥箱，一套制冷冷凝器，也可合用一套。

5）加热系统。加热系统的作用是加热冷冻干燥箱内的搁板，促使产品升华。加热系统除加热搁板以外，还包括热媒加热罐、换热器、气动调节阀、循环泵及管路、阀门、液位计、温度传感器等。

冷冻干燥分为两个阶段，在产品内的冻结冰消失之前称为升华干燥阶段，一旦产品内的冰升华完毕，产品的干燥便进入了第二阶段，也称为解吸干燥阶段。产品在升华时要吸收热量，1 g 冰全部变成水蒸气大约需要吸收 2 805. 3 J 的热量，因此升华阶段必须对产品进行加热。在第二阶段，虽然产品内不存在冻结冰，但产品内还存在 10% 左右的水分，为了使产品达到合格的残余水分含量，必须对产品进行进一步的干燥。

6）控制系统。控制系统包括制冷机和真空泵的启、停，加热温度的控制，物料温度、制冷温度、真空度的测试与控制，自动保护和报警装置等。控制系统的功能是对冻干机的各个重要参数进行测量、显示；根据预先的设置对冻干机进行精确控制，使其运行在规定的状态，并在出现意外时对故障状态报警，自动应急处理。测量和记录冻干过程的工艺参数，可以使人们完整地了解整个冻干过程；对这些参数实施有效的控制，则可以实现对整个冻干过程的优化，即在保证产品质量的前提下，提高生产效率以及减小能量消耗。

3. 真空干燥法

（1）真空干燥设备的组成

真空干燥法又称减压干燥法，它是利用真空干燥机，将物料置于真空条件下进行加热干燥的一种干燥方法。

真空干燥机主要由真空干燥器（干燥室）、真空系统（真空泵、冷凝器）和加热系统构成。图 2—11 所示是盘架真空干燥器，又称为箱式干燥器，湿物料置于盘架之上，用热水或低压蒸汽加热盘架，向物料传热。用真空泵保持箱内处于低压状态，可使物料在较低的温度下快速干燥。图 2—12 所示为传送带式真空干燥器的示意图，原料连续加到传送带上，在传送带运行过程中得到干燥。

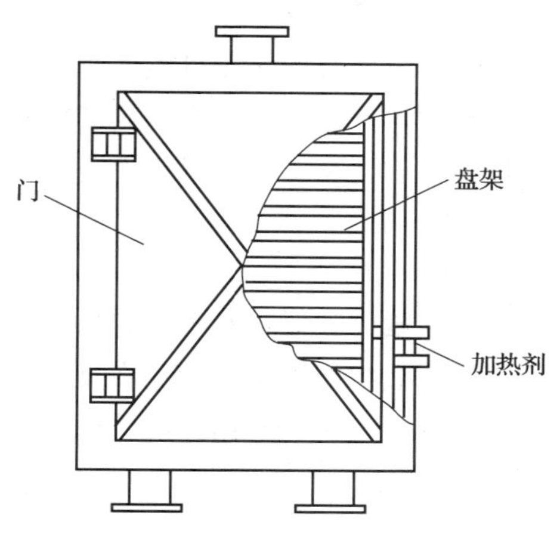

图 2—11　盘架真空干燥器

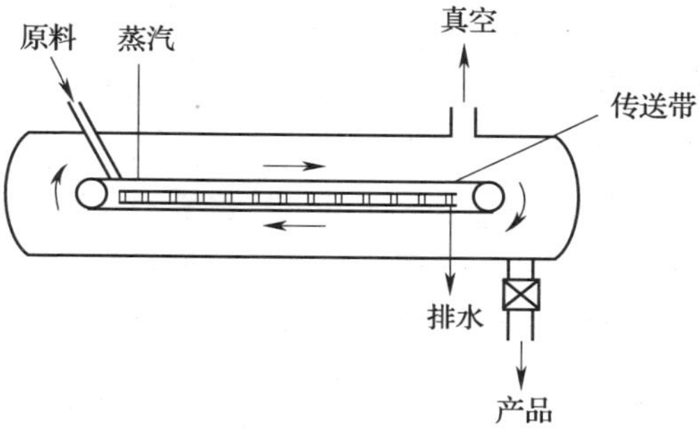

图 2—12　传送带式真空干燥器的示意图

真空干燥机使用的真空泵一般用水环式真空泵和喷射式真空泵（喷射泵）。使用水环式真空泵还需配冷凝器。冷凝器的作用是将从真空室出来的水蒸气进行冷凝，并将其中的不凝气体（空气）分离，以减轻真空泵的负荷，保证达到所需的真空度，同时避免水蒸气进入真空泵对叶片产生磨损甚至导致损坏。使用喷射泵则不需要配冷凝器，因为喷射泵的喷射器已经具有冷凝器的功能。

（2）真空干燥设备操作规程

虽然各种不同型号的真空干燥机的操作规程有所不同，但基本的操作规程都一样。

1）开机前检查

①开启真空泵检查，管道连接处、填料函是否泄漏，进、出料口密封是否良好，真空表反应是否灵敏。

②开启冷却水阀门，检查载热管道连接处、填料函是否泄漏，压力表反应是否灵敏。

③检查电控柜各仪表、按钮、指示灯是否正常，检查接地线是否良好，有无漏电、短路现象存在。

④在各油环中加满润滑脂，启动电机空车运转，听噪声是否正常，若不正常，应检查不正常声音的来源，并加以排除。

2）将需干燥的物料放入容器内，然后关闭容器门。

3）关闭排真空阀后，开真空泵，使干燥容器内呈负压。

4）开启载热体阀门，让载热体进入干燥容器夹层内，加热物料。

5）物料干燥完成后，先关闭载热体阀门，然后向夹层内注入冷却水，待物料冷却到常温后，停止抽真空。开启排真空阀，关电动机，停止干燥机旋转，打开孔盖出料。

真空干燥机在使用过程中一定要严格遵守操作规程，必须先抽真空再升温加热。如果先加热物料，气体遇热就会膨胀。由于真空干燥机的密封性非常好，因此，膨胀气体所产生的巨大压力有可能使观察窗钢化玻璃爆裂。如果按先升温加热再抽真空的程序操作，加热的空气被真空泵抽出去的时候，热量必然会被带到真空泵上面，从而导致真空泵温升过高，有可能使真空泵效率下降。加热后的气体还会被导向真空压力表，真空压力表就会产生温升，如果温升超过了真空压力表规定的使用温度范围，就可能使真空压力表产生示值误差。综上所述，正确的使用方法是先抽真空再升温加热，待达到了额定温度后如发现真空度有所下降时再适当加抽一下。这样做对于延长真空干燥机设备的使用寿命是有利的。

(3) 真空干燥法的优点

真空干燥法的优点包括：真空干燥温度低，可应用于热敏性物质；对于不容易干燥的样品，如粉末或其他颗粒状样品，使用真空干燥法可以有效缩短干燥时间；在真空或惰性条件下，物料氧化减少，产品色泽、滋味等保持较好；与依靠空气循环的普通干燥相比，粉末状样品不会被流动的空气吹动或移动等。

4. 其他干燥方法

(1) 微波干燥法

微波干燥法就是将微波作为热辐射源，加热果蔬原料使之脱水干燥的一种方法。微波是指300～300 000 MHz的电磁波，常用的加热频率为915 MHz和2 450 MHz。微波加热的热量不是由外部传入的，而是微波进入物料内并被吸收后，其能量在物料内部转换成热能，物料中的水分吸收能量、温度升高并汽化外移，从而达到干燥的目的。

在传统的干燥工艺中，为提高干燥速度，需升高外部温度，加大温差梯度，然而随之容易产生的是物料外焦内生的现象。但采用微波加热时，不论物料形状如何，热量都能较为均匀地渗透，并可产生膨化效果，利于粉碎。因此这种方法的热效率高、干燥速度快。同时，微波辐射还具有杀菌作用，利用微波干燥的物料其微生物含量会大为减少。其缺点是设备投资大、热分布不够均匀导致不同位置的物料受热不一致等。目前生产上一般将热风干燥法和微波干燥法结合使用，即先用热风干燥法将果蔬物料中的绝大部分水分去除，再用微波干燥法将剩下较难去除的水分干燥，同时由于微波干燥法具有杀菌作用，减少了成品的菌落总数。

微波干燥设备有连续传动带式、箱式等形式。

(2) 膨化干燥法

膨化干燥法又称为加压减压膨化干燥法或压力膨化干燥法，其干燥系统主要由一个体积比压力罐大5～10倍的真空罐组成。果蔬原料经预干燥后，干燥至水分含量为15%～25%（不同果蔬要求的水分含量不同），然后将果蔬置于压力罐内，通过加热使果蔬内部水分不断蒸发，罐内压力上升至40～480 kPa，物料温度大于100℃，因而和大气压下水蒸气温度相比，它处于过热状态，随后迅速打开连接压力罐和真空罐的减压阀，由于压力罐内瞬间降压，使物料内部水分迅速蒸发，导致果蔬表面形成均匀的蜂窝状结构。在负压状态下维持加热脱水一段时间，直至达到所需的水分含量（3%～5%），停止加热，使加热罐冷却至外部温度时破除真空，打开盖，取出产品进行包装，即得到膨化果蔬脆片。膨化技术已成功地应用于土豆、苹果、胡萝卜、蓝莓等果蔬上。膨化干燥法与传统干燥法相比，可节约蒸汽44%，同时，比传统干燥法快2.1倍。

(3) 真空低温油炸脱水法

真空低温油炸脱水法是在减压条件下，产品中水分汽化温度降低，能在短时间内迅速脱水，实现在低温条件下对产品进行油炸脱水。热油脂作为产品的脱水供热介质，还能起到膨化及改进产品风味的作用。真空低温油炸技术的关键在于原料的前处理及油炸时真空度和温度的控制。原料前处理除常规的清洗、切分、护色外，对有些产品还需进行渗糖和冷冻处理。渗糖浓度为30%～40%，冷冻要求在－18℃左右的低温中冷冻16～20 h。油炸时真空度一般控制在92.0～98.7 kPa，油温控制在100℃以下。目前国内外市场上出售的真空低温油炸果品有苹果、猕猴桃、柿子、草莓、香蕉等，蔬菜有胡萝卜、南瓜、西红柿、四季豆、甘薯、土豆、大蒜、青椒、洋葱等。

(4) 滚筒干燥法

如图2—13所示，滚筒干燥机由一只或两只金属圆筒组成，滚筒的直径为20～200 cm，中空，通有加热介质。干燥时，滚筒回转，筒外壁与浆状或泥状原料接触，在筒表面铺成薄层，转动一周，原料即可达到干燥，由附带的刮料器刮下，收集至盛料器中，干燥可以连续进行。滚筒干燥机的工作转速以每转一周足以使原料干燥为准。滚筒干燥机主要用于苹果浆、南瓜浆、香蕉浆等的干燥。

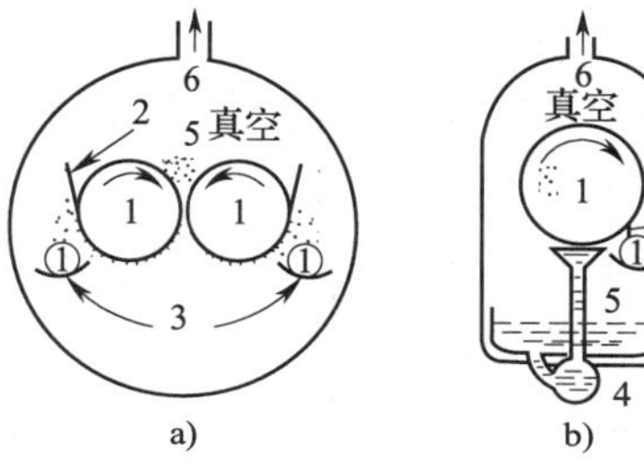

图2—13　滚筒干燥机
a) 真空双滚筒　b) 真空单滚筒
1—滚筒　2—刮刀　3—输送装置
4—泵　5—液态物料　6—蒸汽

四、果蔬干制品加工工艺

1. 工艺流程

原料验收→原料选别→清洗→去皮、切分→护色处理→热烫→干燥→回软→挑选、包装→入库储存。

2. 操作规程

(1) 原料验收

干制对原料的基本要求是：干物质含量高、可食部分多、风味好、核小、肉厚、皮薄、粗纤维少、不易褐变、成熟度适宜。企业应按照工艺规程的要求，对原料的感官质量、理化指标和安全指标进行验证，符合规定方可进厂。

(2) 原料选别

按大小、成熟度对原料进行分级，同时剔除腐烂果（植株）、病虫果（植株），以保证品质一致。

(3) 清洗

采用人工或机械清洗，除去原料表面附着的尘土、杂质、残留农药和微生物，以保证产品的清洁卫生。

(4) 去皮、切分

有的原料要去除根、老叶、皮、壳、核等不可食部分；有的原料须切片、切条、切丝或制成颗粒状，以加快水分的蒸发。

(5) 护色处理

浅色原料（如竹笋、大蒜等）通常还应采用浸泡在1% ~5%柠檬酸、0.5% ~1%异抗坏血酸钠、0.2% ~0.5%亚硫酸盐的溶液中，或用硫黄（每1 000 kg原料用硫黄2 ~4 kg，时间约0.5 h）进行熏硫的方法进行护色。绿色蔬菜的护绿可采用在热烫水中加入0.5%的碳酸氢钠或者用其他方法使水呈中性或微碱性的方法。

(6) 热烫

热烫可以杀灭或钝化酶活性，减少氧化变色；可以增加细胞透性，有利于水分蒸发，缩短干制时间；可以排除组织中的空气，使制品呈半透明状态，改善制品外观。热烫可采用热水或蒸汽处理。热烫的温度和时间应根据原料的种类、品种、成熟度及切分大小的不同而异。

一般情况下，热烫的水温为80 ~100℃，时间为2 ~8 min，以烫透而不软烂为宜。

(7) 干燥

依据原料种类和品种、产品的质量要求选择适宜的干燥方法。

(8) 回软

块状产品在干燥后一般要进行回软处理，即将干燥后的果蔬块堆集起来或放在密闭容器中（一般菜干1 ~3 天、果干2 ~5 天），使产品呈适宜的柔软状态，便于产品处理和包装运输，同时也保证产品的水分含量基本一致。

(9) 挑选、包装

剔除软烂、破损、霉变的部分，按照干制品质量要求将干制品分为不同等级。有的产品（如木耳）在包装前还要进行压块处理，将干燥后的产品压成砖块状，可使体积大为缩小（蔬菜压块后可缩小至1/3 甚至1/7），同时减少其与空气的接触，降低氧化作用，也便于包装和运输。

常用的包装材料有木箱、纸箱、纸盒、PE 塑料袋、铝箔复合薄膜袋、马口铁罐等。真空干燥、冷冻干燥、真空油炸、膨化干燥的干制品应采用真空或真空充氮包装。

(10) 入库储存

经检验合格的产品方可入库储存。应保持库房的清洁卫生和通风干燥。

任务1　脱水蒜片加工

本任务将完成脱水蒜片的加工。目前生产上脱水蒜片加工一般采用隧道式热风干燥法，其关键技术是原料护色处理方法和热风温度及干燥时间的确定。

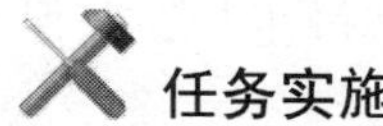

任务实施

一、加工脱水蒜片

1. 工艺流程

原料验收→去皮→切片→护色→漂洗→干燥→挑选→包装→成品。

2．操作规程

（1）原料验收

原料蒜应外观整齐、洁净，无离体碎皮，蒜头、蒜瓣大小均匀，色泽一致，无明显缺陷（包括碎头、开裂、机械伤、发芽、腐烂、异味、冻害和病虫害等）；农药残留量和重金属含量应符合农业行业标准《无公害食品　葱蒜类蔬菜》（NY 5001—2007）的要求。

（2）原料预处理

1）去皮。用手工或机械的方法剥去蒜皮，分开蒜瓣，再除去蒜瓣表皮。

2）切片。用切片机切成厚度为 2 ~3 mm 的薄片。太厚不易烘干，太薄难以保持原料形状。

3）护色。将蒜瓣于 0.1% ~0.2% 亚硫酸氢钠或亚硫酸钠溶液中浸泡 20 min 左右进行护色，阻止其蒜氨酸的氧化损失。

4）漂洗。护色后的蒜片用清水充分洗涤，冲去蒜片表面的黏液和糖分，直至水清澈透明为止，然后沥去水滴或用离心机甩干。

（3）干燥

将清洗后的蒜片均匀地摊于烘筛上，送入烘房内。烘房温度控制为 60 ~65℃，不超过 65℃，时间为 6 ~7 h。当蒜片含水量在 8% 时，即可移出烘房。

（4）挑选

脱水后及时挑选片形正常、色泽净白的蒜片为正品，其余的作为次品，潮片要拣尽，拣出的潮片需及时复烘。

（5）包装

挑选合格的蒜片用复合塑料袋包装，扎口密封。外包装用纸箱。

二、产品质量控制

1．生产过程质量控制

（1）果蔬干制品加工中常见的质量问题及解决方法

果蔬干制品加工中常见的质量问题及解决方法见表 2—3。

表 2—3　　果蔬干制品加工中常见的质量问题及解决方法

质量问题	原因分析	解决方法
制品干缩	干燥时由于水分蒸发，物料体积缩小，易出现制品干缩，甚至干裂和破碎等现象。另外，在干制品块片不同部位上所产生的不相等收缩，又往往造成奇形怪状的翘曲，进而影响产品的外观	适当降低干燥温度可减轻制品干缩的现象
表面硬化，外干内湿	在热风干燥时易出现表面硬化（硬壳）。表面硬壳产生以后，水分移动的毛细管断裂，水分移动受阻，大部分水分封闭在产品内部，形成外干内湿的现象，致使干制速度急剧下降，使进一步干制发生困难，同时也影响制品的品质	适当降低热风温度和流速，或循环使用部分排风口的湿热空气，可以减少硬壳现象

续表

质量问题	原因分析	解决方法
制品褐变	物料在干制过程中或干制后的储藏中，常出现颜色变黄、变褐或变黑等现象。新鲜半成品酶褐变可导致变黄、变褐或变黑；绿色叶菜中的叶绿素在酸性条件下由于脱镁失去绿色而变黄	果蔬干制前应进行热处理、硫处理、酸处理等，对抑制酶褐变有一定的作用。绿色蔬菜热烫时加0.1%左右的碳酸氢钠对保持绿色有一定的效果。避免高温干燥可防止糖焦化变色和非酶褐变。真空或冲氮包装可有效抑制储存期间产品的褐变

（2）关键加工环节控制

原料验收工序要确保农药残留量和重金属含量合格；硫处理工序要严格控制亚硫酸盐的使用量，确保终产品二氧化硫残留量符合要求；干燥工序要控制好热风温度和干燥时间，确保产品水分含量符合要求；挑选工序要确保水分含量高的蒜片被挑选出来，确保产品水分含量符合要求；包装环节要求注意检查每包的封口紧密度和塑料膜是否破损，防止产品吸潮长霉。

2. 终产品质量控制

应按照检验规程对终产品实施抽样检验。脱水蒜片的感官指标应符合表2—4的要求，理化指标应符合表2—5的要求；重金属和农药残留含量应符合《食品中污染物限量》（GB 2762—2012）和《食品中农药最大残留限量》（GB 2763—2012）的要求。

表2—4　　脱水蒜片感官指标

项目	色泽	形态	气味	杂质
要求	淡黄至乳白	片形完整，大小较均匀，无碎片	具有蒜特有辛辣味，无异味	不得检出

表2—5　　脱水蒜片理化指标

项目	水分	总灰分	不溶于酸的灰分
要求	≤8.0%	≤5.8%	≤0.8%

任务2　冻干毛竹笋片加工

本任务将完成冻干毛竹笋片的加工。真空冷冻干燥是目前最先进的干燥技术，其关键是确定合适的预冻温度和时间、干燥真空度及加热板温度。

任务实施

一、加工冻干毛竹笋片

1. 工艺流程

原料验收→原料预处理→预冻→真空冷冻干燥→冻干后处理→包装。

2. 操作规程

（1）原料验收

毛竹笋应尖叶发黄、根部扁平、嫩度适中；农药残留量应符合《无公害食品 竹笋干》（NY 5232—2004）和《食品中农药最大残留限量》（GB 2763—2012）的规定，重金属含量应符合《食品中污染物限量》（GB 2762—2012）的规定。

（2）原料预处理

1）清洗、剥壳、切片。用自来水清洗干净原料表面的泥土等，然后用剥壳机或人工剥去笋壳，除去笋衣，检查笋基部是否纤维化，若有则予以切除；按规格（4 cm×1.5 cm×0.4 cm）切片，并立即浸泡在流动水中以防笋肉褐变和发酵。

2）漂烫。漂烫的目的是钝化竹笋组织中酶的活性和杀菌，防止笋肉纤维化、氧化变色和微生物污染，工艺条件为96～98℃热水维持2 min。漂烫后的笋片立即用自来水浸泡冷却。

3）沥水。冷却后的笋片放在不锈钢网筛上，振动并同时吹风，去掉笋片表面的水分，防止冷冻时笋片粘在一起。

（3）预冻

产品的预冻方法有冻干箱内预冻法和箱外预冻法。箱内预冻法是直接把产品放置在冻干机冻干箱内的多层搁板上，由冻干机的冷冻机进行冷冻。箱外预冻法就是用一台独立的冷冻机将物料进行冷冻。

预冻之前应确定三个数据。一是预冻的速率，应根据产品的不同而试验出一个最优的冷冻速率。二是预冻的最低温度，应根据该产品的共熔点决定，预冻的最低温度应低于共熔点的温度。三是预冻的时间，应根据机器的情况决定，保证抽真空之前所有产品均已冻实。鲜笋的共晶点为－10.42℃，共熔点为－2.42℃。一般预冻温度要比共晶点温度降低5～10℃，因此，预冻温度确定为－23℃以下。

（4）真空冷冻干燥

1）干燥参数的确定。将预冻好的笋片按照图2—14的冻干曲线进行真空冷冻干燥，即真空度维持在80～133 Pa，加热板温度前期高后期低，物料温度在加热前期较低，随着升华的进行，物料温度不断升高，当物料温度与加热板温度趋近时，再延长一定时间结束干燥过程。在干燥过程中，要注意保证物料干燥层的温度必须低于其共熔点，否则，就不能保证水分全部以汽化的形式去除。

2）干燥机操作规程（各种型号的设备可能不完全一致，以设备说明为准）

①开机前的准备

a. 检查真空泵油表，油面是否在视镜的两条油标线之间。

b. 检查压缩机中是否有油，相关的制冷阀门是否处于开启状态。

c. 检查水塔储水箱中是否满水，进水阀门是否打开。

d. 检查化霜阀、排水阀、进气阀是否关闭。

e. 打开总电源，面板上随即有显示，首先开动真空泵及压缩机，观察运转中有无异常声响及特殊的振动，均无问题方可正式开机。

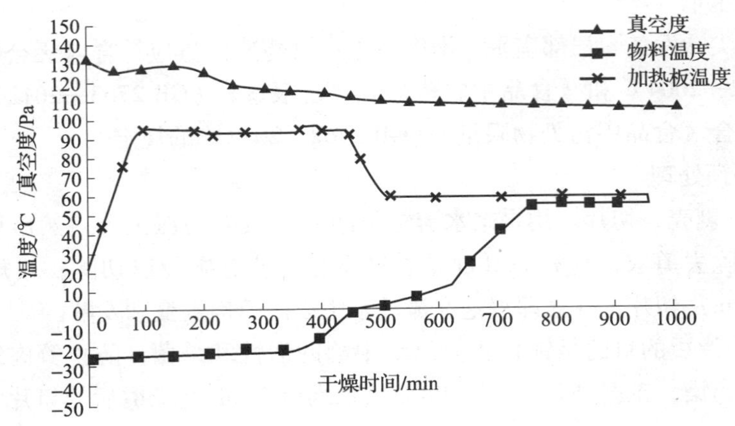

图 2—14 毛竹笋片冻干曲线

f. 启动冷却水循环泵。

i. 捕水器降温。当制品温度达到工艺要求的温度（按品种而定）并保持 1 h，使每块板的测温探头都达到这个温度（一般要 -40 ~ -35℃），将干燥仓电磁阀关闭，打开捕水仓电磁阀，这时制冷压缩机对捕水器进行降温。

②升华干燥

a. 抽真空。等捕水器温度降至 -40℃以下并保持一段时间，然后打开真空泵，这时真空泵将对整个系统进行抽真空。

b. 待整个系统的真空度达到 80 ~ 133 Pa 时，通过隔板下的加热系统对产品缓慢加温，供给制品在升华过程中所需的热量，使冻结产品的温度逐渐升高至工艺控制点。

③解析干燥。在冻干过程中，升华阶段用去了大部分的干燥时间。当产品中的冻结冰已不存在时，升华阶段相应结束，但制品中还剩下 5% ~ 10% 的水分，并未达到工艺要求，所以要进行二次干燥。方法有两种：第一种是提高板层温度以增加供给热量；第二种是提高干燥箱的压力至 150 ~ 200 Pa，以加快热量传送。

升华干燥后的竹笋应在 40 ~ 50℃下保持 2 h 左右，即可出料。

④冻干结束

a. 依次关闭真空泵、制冷压缩机、捕水仓电磁阀、电加热、循环管道泵。

b. 打开放气阀，使箱内压力恢复至大气压。

c. 制品出箱后，关闭冷却水循环泵，关闭电源开关。

⑤捕水仓除霜

a. 捕水仓除霜可以与干燥仓的进出料同时进行。

b. 打开捕水仓放气阀（溢流阀），将捕水仓的压力恢复至大气压，然后打开化霜水进水阀，接通化霜水，当水达到溢流口处并流出时迅速关掉化霜水开关，保持一段时间后，可将水放掉。根据化霜水的温度和结霜的厚度重复进行该步骤，直至彻底将捕水仓中的存水排尽为止。化霜结束后应使阀门复位。

（5）冻干后处理

干燥结束后，需对食品进行一个调节过程，即将食品在真空被破坏之前稳定一段时间，使食品中的剩余水分和温度完全均匀，然后消除真空。干燥的产品一旦暴露在空气中，会很快吸收空气中的水分而潮解，特别是在潮湿的天气，使本来已干燥的产品又增加了含水量。因此，在真空被破坏时，可根据产品的保存要求不同，分别用不同的气体破坏真空。例如，有些产品仅需放入干燥空气，然后出箱密封保存即可；有些产品需充氮保存，在出箱时放入，出箱后再充氮密封保存；有些产品需真空保存，在出箱后再重新抽真空密封保存。

（6）包装

由于果蔬本身蓬松多孔，冻干产品容易返潮，也容易发生氧化褐变，所以包装车间环境湿度要低。产品包装一般采用真空包装或真空充氮包装。

二、产品质量控制

1. 生产过程质量控制

（1）原料处理过程控制

竹笋采收后，切口部位很容易纤维化。因此，新鲜竹笋进厂后应及时加工，切分后的竹笋片应及时热烫，钝化新鲜竹笋组织内的纤维素酶，防止竹笋纤维化。

（2）冷冻过程控制

冷冻速度对冻干毛竹笋的复水率、升华时间有影响。冷冻速度快，形成的冰晶细，果蔬细胞损伤小，产品质量好，复水率高，但干燥时升华时间长。反之冷冻速度慢，形成冰晶大，果蔬细胞损伤大，产品质量差，复水率低，但干燥时升华时间短。生产上要根据产品的质量要求和成本控制等因素综合考虑冷冻速度。

（3）干燥过程中对产品加热的控制

在升华干燥阶段，升华的产品温度如果低于共熔点温度过多，则升华的速率降低，升华阶段的时间会延长；如果高于共熔点温度，则产品会发生熔化，干燥后的产品将发生体积缩小，出现气泡，颜色加深，溶解困难等现象。因此，升华阶段产品的温度要求接近共熔点温度（鲜笋的共熔点为 -2.42℃），但又不能超过共熔点温度。

在冷冻干燥的第二阶段，可以使产品的温度迅速上升到该产品的最高允许温度，并保持该温度一直维持到干燥结束为止。迅速提高产品温度有利于降低产品残余水分含量并缩短解吸干燥的时间。产品的允许温度视产品的品种而定，一般果蔬产品的允许温度为 50～60℃，含有芳香物质或活性物质的果蔬产品（如葱、蒜等）的允许温度为 40～50℃。

2. 终产品质量控制

对终产品进行抽样检验时，产品的感官指标应符合表 2—6 的要求，理化和微生物指标应符合表 2—7 的要求；重金属和农药残留含量应符合《食品中污染物限量》（GB 2762—2012）和《食品中农药最大残留限量》（GB 2763—2012）的要求。

表 2—6　　冻干毛竹笋片蒜片感官指标

项目	色泽	形态	气味	杂质
要求	淡黄至乳白	片形完整，大小较均匀，无碎片	具有笋干特有的香气，无异味	无肉眼可见的霉点，无外来杂质

表 2—7　　冻干毛竹笋片理化和微生物指标

项目	水分	亚硝酸盐/（mg/kg）	二氧化硫/（mg/kg）	霉菌/（个/g）
要求	≤25%	≤20	≤100	≤50

果蔬干制品的复原性和复水性

许多干制品一般都要经过复水（重新吸回水分）后才可食用。干制品复水后恢复成原来新鲜状态的程度是衡量干制品品质的重要指标。

干制品的复原性就是干制品重新吸收水分后在重量、大小和形状、质地、颜色、风味、成分、结构等方面应该类似新鲜或脱水干燥前的状态。

干制品的复水性就是新鲜食品干制后能重新吸回水分的程度，一般常用复水比和复重系数表示。

干制品的复水性可通过复水试验测定。按照预先制定的标准方法，在严密控制温度和时间的条件下，用浸水或沸煮方法让定量干制品在过量水中复水，用水量可随干制品干燥比而不同，但干制品应始终浸没在水中，复水的干制品沥干后就可称取它的沥干重或净重。

复水比（$R_{复}$）简单来说就是复水后沥干质量（$m_{复}$）和干制品试样质量（$m_{干}$）的比值。复水时干制品常会因有一部分糖分和可溶性物质流失而失重。它的流失量虽然并不少，一般都不再予以考虑，否则就需要进行广泛的试验和仔细地进行复杂的质量平衡计算。

$$R_{复} = m_{复}/m_{干}$$

复重系数（$K_{复}$）就是复水后制品的沥干质量（$m_{复}$）和同样干制品试样量在干制前的相应原料质量（$m_{原}$）之比，即：

$$K_{复} = m_{复}/m_{原}$$

【例】某果蔬干制前的质量为 9.45 kg，干制后质量为 1.25 kg，复水后沥干质量为 7.5 kg，计算它的干燥比、复水比和复重系数。

$$干燥比 = m_{原}/m_{干} = 9.45/1.25 = 7.56$$

$$R_{复} = m_{复}/m_{干} = 7.5/1.25 = 6.0$$

$$K_{复} = m_{复}/m_{原} = 7.5/9.45 = 0.79$$

~思考与练习~

1. 为什么竹笋丝比桂圆肉更容易晒干？

2. 为什么葡萄干水分含量小于15%就可以在常温下存放，而蘑菇干片的水分含量必须小于6%呢？

3. 果蔬热风干燥时，热风温度高、风速大，干燥速度就快吗？

4. 如何提高热风干燥的速度？

5. 速冻果蔬生产常出现哪些质量问题？如何控制？

6. 为什么果蔬热风干制品一般会收缩变形，而冻干品则可以保持原来的形状？

7. 为什么冻干产品都需要真空或充氮包装？

项目三　速冻果蔬加工技术

学习目标

1. 理解食品低温保藏的原理。
2. 了解食品冻结点和冻结率，掌握冻结速度与产品质量的关系。
3. 掌握速冻果蔬加工工艺流程。

项目基础知识

一、低温食品保藏原理

1. 低温对微生物的影响

非冻结的低温条件下，微生物的生长繁殖虽然受到抑制，但仍会继续，尤其是嗜冷性微生物。因此，用低温保藏食品，必须维持足够低的温度，才能抑制微生物的作用，延长食品的储藏时间。

在冷冻过程中微生物大量死亡，在冻藏过程中微生物数量也会逐渐减少，但仍然有微生物存活。冷冻食品一旦解冻，微生物会迅速繁殖。因此，生产速冻食品时须对原料进行杀菌处理（热烫或消毒剂处理）。

2. 低温对酶的作用

无论是动物性食物还是植物性食物，它们本身都含有酶。酶在适宜的条件下，会促使食物中的蛋白质、脂肪和碳水化合物等营养成分分解。例如，屠宰后的肉，放置时间久了，其质量会下降，主要原因是在蛋白酶的作用下，蛋白质发生水解而自溶的结果。果蔬类等蛋白质含量少的食物，由于氧化酶的催化，促进了呼吸作用，使绿色新鲜的蔬菜变得枯萎、发黄，同时由于呼吸作用的加强，使温度升高，加速了食品的腐烂变质。另外，霉菌、酵母、细菌等微生物对食品的破坏作用，也是由于这些微生物生活过程中分泌的各种酶所引起的。

酶的活性与温度有关。在低温时，酶的活性很小。随着温度的升高，酶的活性增大，催化的化学反应速度也随之加快。温度每升高 10℃，可使反应速度增加 2～3 倍。降低温度，可以减低酶的反应速度。因此，食品保持在低温条件下，可防止由酶的作用而引起的变质。

冻结条件下，虽然酶的活性受到显著抑制，酶促反应速率很低，但仍然发生缓慢的反应，因此冻结前往往要对原料进行烫漂、护色处理以及冻结时做冰衣等处理。

3. 低温对食品非酶反应的影响

部分食品的变质，如油脂的氧化酸败，维生素C、天然色素的氧化分解，美拉德反应等，都与酶无直接关系。在低温下，这些变化可受到明显的抑制。

但需要注意的是，无论是由细菌、霉菌、酵母引起的食物变质，还是由酶引起的变质及非酶变质，在低温的环境下，可以延缓、减弱其作用，但是低温并不能完全阻止它们的作用，即使在冻结点以下的低温，食品进行长期储藏时，其质量也会有所降低。因此，各类食品根据储藏温度的不同都规定有合理的冷藏期限，但已经腐败和发酵了的食品，在低温情况下保藏，也不能改变它原来的状态。

二、食品冻结过程特性

1. 食品的冻结点和冻结率

食品的冻结点是指食品汁液中的水分开始变成冰时的温度，因此也称为冰点。大多数天然食品的冻结点接近于－1℃。例如，肉类冻结点为－1.2～－0.6℃，淡水鱼为－1.0～－0.5℃，海水鱼为－2～－0.8℃，蛋黄为－0.65℃，蛋白为－0.45℃。含有大量溶质（糖、盐、酸）的食品，其冻结点较低。例如，天然的酸樱桃冻结点约为－3.5℃，某些富含糖分的葡萄品种，冻结点低达－5℃。

由于食品所含的溶质越多，其冻结点也越低，所以，当食品汁液中的水分渐渐析出而冻结成为冰结晶后，剩下的汁液浓度增大，冻结点降低。食品中剩余的汁液越少，其浓度越大，汁液的冻结点也就越低。这样，食品的继续冻结就要在温度大大降低的条件下进行。可见，食品发生冻结的冻结水量是随着冻结时间的延续及冻结温度的降低而增加的。

食品中的水溶液完全冻结时的温度称为共晶点。食盐水的共晶点为－21.2℃，其含量（质量分数）为22.4%。食品中的水溶液是微量溶解着各种成分的水溶液的混合液，每种成分的水溶液的共晶点都不相同，要使食品中水分全部冻结，必须将其温度降低至食品的低熔共晶点，即－65～－55℃。

食品内水分的冻结率近似值为：

$$\text{冻结率}=\left(1-\frac{\text{食品的冻结点}}{\text{食品的温度}}\right)\times100\%$$

普通的冻结食品的冻藏温度为－25～－18℃，在这个温度下，食品的结冰率可达到90%左右，给人们感觉食品已冻得坚硬，认为已处于完全冻结状态，可实际上还没有达到低熔共晶点温度，所以仍有10%的水分处于未冻结状态。

表3—1是部分果蔬在不同温度下的水分冻结率。

表3—1　部分果蔬在不同温度下的水分冻结率

冻结率 / 食品温度/℃ / 食品名称	－1	－2	－3	－4	－5	－6	－8	－10	－12.5	－15	－18
西红柿	30%	60%	70%	76%	80%	82%	85%	88%	89%	90%	91%
苹果、梨	0	0	32%	45%	53%	58%	65%	70%	74%	78%	80%
大豆、萝卜	0	28%	50%	58%	64%	68%	73%	77%	80%	83%	84%

续表

食品温度/℃ 冻结率 食品名称	-1	-2	-3	-4	-5	-6	-8	-10	-12.5	-15	-18
葱、豌豆	10%	50%	65%	71%	75%	77%	80%	83%	86%	87%	89%
橙子、柠檬	0	0	20%	32%	41%	48%	58%	65%	69%	72%	75%
樱桃	0	0	0	20%	32%	40%	52%	58%	63%	67%	71%

2. 食品冻结的温度曲线和最大冰晶生成带

食品冻结时的温度曲线是根据冻结速度而变化的，但不论是快速还是慢速冻结，在冻结过程中，温度的下降均可分为三个阶段，如图 3—1 所示。

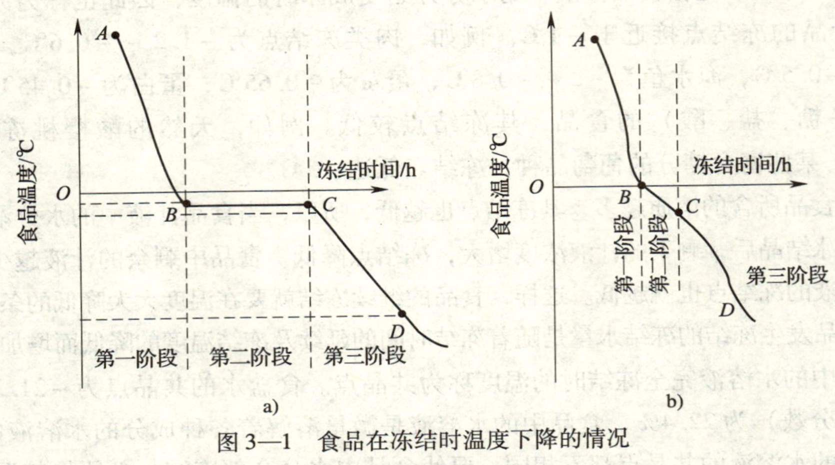

图 3—1　食品在冻结时温度下降的情况
a）慢速冻结　b）快速冻结

第一阶段，食品的温度迅速冷却下降，曲线较陡，放出热量为显热，直到降低至冻结温度为止。

第二阶段即冰结晶形成阶段，曲线平坦，近于水平。这个阶段的温度达到了 -5～0℃ 的冻结点（几种果蔬的冻结点和含水量见表 3—2），所以水相变为冰，同时放出相变热，即潜热。这时食品内部的 80% 以上的水分都已冻结成冰。在冰结晶形成时所放出的潜热相当大，故通过最大冰结晶生成带时，温度下降减缓，曲线平坦。当慢速冻结时，食品内冰结晶的形成以较慢速度由表面向中心推移，而食品中心温度在很长时间内处于停滞阶段。当快速冻结时，由于热传导的缘故，冰结晶的形成很快地从食品的表面层推移到食品中心，因此水平线段很短。

表 3—2　　几种果蔬的冻结点和含水量

品　名	冻结点/℃	含水量
葡萄	-3.5	82%
苹果	-2.0	84%
香蕉	-2.2	75%

最后，进入第三阶段，表明冻结后的食品从冻结点温度继续下降，冻结到规定的最终温度，使食品内部未结冰的水分继续结冰，但结冰量要比第二阶段少，所以放出的热量主要是显热。第三阶段开始时温度下降比较迅速，以后随着食品与周围介质之间的温度差的缩小，降温速度不断减慢，所以曲线呈陡缓状。

3．冻结速度对产品质量的影响

根据食品冻结速度的不同，可将食品冻结分为速冻和缓冻两种类型。

速冻是将预处理的食品放在－40～－30℃的装置中，在30 min内通过最大冰晶生成带，使食品中心温度从－1℃降到－5℃，其所形成的冰晶直径小于100 μm。速冻后的食品中心温度必须达到－18℃以下。冻结速度达不到速冻要求的冻结方法则称为缓冻。

当食品进行缓慢冻结时，由于细胞内和细胞间隙的溶液浓度不同，细胞间隙内的水分首先结成冰晶，造成细胞内水分向细胞外已形成的冰晶迁移聚集，使细胞间隙的冰晶体不断增大，直到冻结温度下降到足以使细胞内所有水分形成冰晶为止。可见，进行缓慢冻结时，食品组织内形成的冰晶体积大，数目少，且分布不均匀（见图3—2a），易使组织细胞被膨大的冰晶体挤压而遭受机械损伤，同时水分的迁移也会造成细胞浓度增加。这些都将直接危害冻结食品的品质，使其解冻后出现流汁、风味劣变等现象。

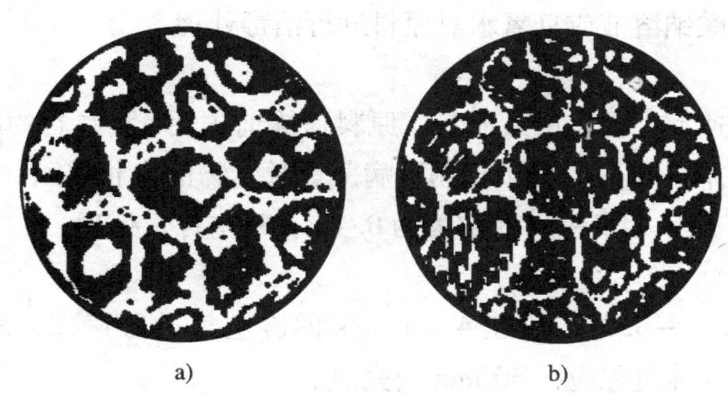

图3—2　速冻和缓冻食品组织内冰晶分布
a）慢速冻结　b）快速冻结

当食品进行快速冻结（即速冻）时，细胞内外的水分几乎同时在原地形成冰晶。因此，所形成的冰晶体体积小（呈针状），数量多，分布均匀（见图3—2b），对组织结构不会造成机械损伤，可最大限度地保持冻结食品的可逆性和质量，使果蔬解冻后能基本保持原有品质。除此之外，快速冻结可将温度迅速降至微生物生长活动及酶活力的温度以下，有利于抑制微生物的活动和酶促生化反应，使冻结食品更利于保藏。因此，从提高冻结食品质量的角度看，应尽量实现食品的快速冻结。

实现快速冻结有以下途径：降低冻结温度，提高冷冻介质与食品初温的温差；加快冷冻介质流经食品的相对速度，增加冷冻介质与食品的接触面，以提高食品表面的放热效果；减小食品的体积和厚度，增大食品与冷冻介质的热交换率和缩短冷冻介质与食品中心的距离。

必须指出，快速冻结的成本较高，因此，对一些缓冻不太影响品质，或不便于进行速冻的食品来说，为了降低加工成本，也可采用缓冻。

三、速冻果蔬加工工艺

1. 加工工艺流程

原料验收→原料预处理→预冷→速冻→包装→冷藏。

2. 操作要点

(1) 原料验收

选用新鲜无病虫害、无损伤的果蔬。原料农药残留应符合《食品中农药最大残留限量》(GB 2763—2012) 的规定，重金属含量应符合《食品中污染物限量》(GB 2762—2012) 的规定。

(2) 原料预处理

原料要清洗干净，根据原料的特点和产品质量要求，分别进行剥壳、去核、切分、漂烫等处理。

多数蔬菜原料要进行漂烫处理。漂烫的目的是钝化蔬菜组织中酶的活性和杀菌，防止组织纤维化、氧化变色和微生物污染。漂烫的温度和时间一般为96～98℃，热水维持2～10 min，可通过酶活性定性测定实验确定是否达到要求。

为了保留新鲜原料的风味和香味，水果和部分蔬菜（如葱、蒜等）一般不进行烫漂处理，仅采用次氯酸钠溶液或臭氧水对原料进行消毒处理。

(3) 预冷

为了加快冷冻速度，提高产品质量，原料速冻前先用5℃左右的冷水浸泡处理，将料温降低至10℃左右。同时，为了抑制致病菌等微生物的生长繁殖，浸泡水须添加4～5 mg/L氯消毒液，或采用臭氧水（浓度为0.4 mg/L左右）处理。

(4) 速冻

采用温度－37～－35℃、流速4～5 m/s的冷空气进行速冻，冻结至中心温度为－18℃以下，整个冷冻过程应在30 min内完成。

目前速冻果蔬生产主要使用以下两种快速冻结装置：

1）流态化冻结装置。这是一种专用于食品单个速冻（Individual Quick Freezing, IQF）的装置，其将食品一个个地冻结，而不使它们互相冻成一团，冻品的质量好，分装和销售都比较方便。

在这种冻结装置中，冷气流自下而上穿过床层，当气流速度较低时，被冻物品处于静止不动状态，气流速度继续增大，则被冻物品位置略有调整，并变更排列方式以趋于松动的倾向。此时，被冻物品仍保持相互接触，床层高度也没有变化，这时称为固定床。随气流速度继续增大，床层开始膨胀和变松，床层高度也开始增加，被冻物品略呈悬浮状态，被冻物品的运动仍靠传送网带的移动来带动，这时称为半流态化。继续增加气流速度，被冻物品完全脱离床面，运动加剧，上下翻滚，如同沸腾的液体，这就是“流化床”或“沸腾床”名称的由来。

带式流态化冻结装置是使用最为广泛的一种流态化冻结装置。最早是单段式结构，现在都采用两段式结构，即将被冻物品分成两区段进行冻结。第一区段为表层冻结，将被冻物品进行快速冷却，使表面温度很快达到冻结点并冻结，减少了食品的损耗，且使颗粒间或颗粒与传送带间呈离散状态，彼此互不黏结。第二区段为深温冻结，冻结至中心温度 -18 ~ -15℃。图 3—3 所示为带式流态 IQF 冻结装置的结构示意图。风机多数为轴流风机，风压较大。这种装置的附属设备有振动滤水器、斗式提升机和振动布料器、传送带清洗器等。

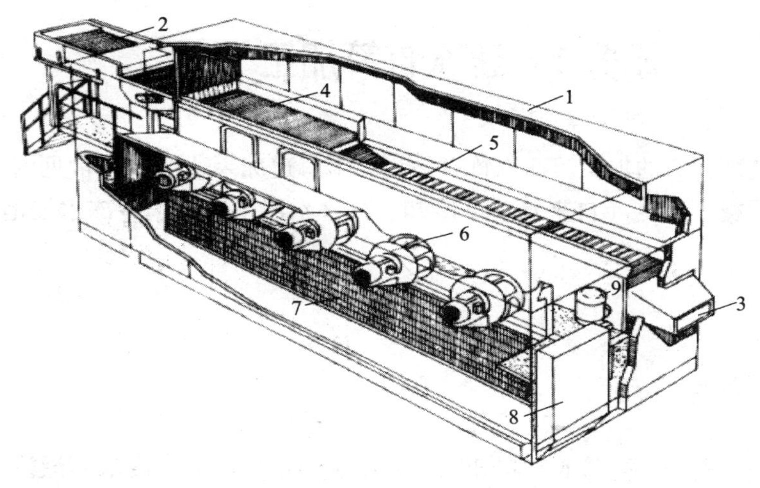

图 3—3　带式流态 IQF 冻结装置

1—隔热外壳　2—振动布料进冻口　3—出冻口　4—表层冻结段　5—深温冻结段　6—风机　7—蒸发器　8—自控及显示器　9—网带传动电动机

2）螺旋带式冻结装置。如图 3—4 所示，螺旋带式冻结装置通过把食品放在金属传输带上，进行螺旋输送冻结。螺旋带式冻结装置外部有一个隔热壳体，内部采用一个或两个转筒，外围绕有向一个方向转动的不锈钢传送带，可绕 10 ~ 20 圈。传送带的一边紧靠在转筒上，由转筒带动，不论传送带有多长，其所受张力都不大，因而使用寿命长，驱动功率小。由于传送带的圈数可任意确定，所以时间、速度、进出料方向等都可以自由选择。

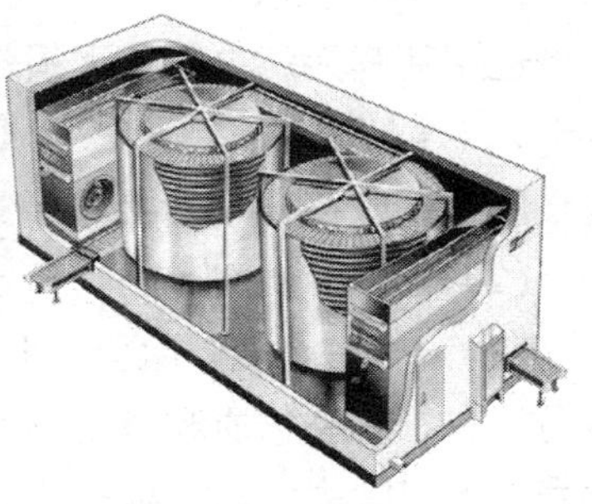

图 3—4　螺旋带式冻结装置

冻结品放在传送带上，由下部进去上部出来，空气由上部向下吹，或者采用双向垂直状态空气流吹，温度为 -40 ~ -30℃，使冷空气与冻结品呈逆式对流换热状态，冻品在其中进行冻结。

工人能在常温下方便地操作这种冻结装置，且其生产能够连续化、效率高、干耗少且体积小，仅占一般传送带式冻结装置所占面积的 25%，用不锈钢制作的传送带也易于清洁。但该装置在间隔生产时，电耗大、成本高。

(5) 包装

一般用聚乙烯薄膜袋包装，外包装用纸箱。

(6) 冷藏

冷藏库的室内温度应保持在－20℃以下，温度波动要求控制在2℃以内。

长途运输应保持物品温度在－18℃以下，短途运输允许温升至－15℃，但交货后应尽快降至－18℃。销售冷柜应保持－15℃，允许短时升温但不得高于－12℃。

任务1　速冻竹笋加工

本任务将完成速冻竹笋的加工。速冻竹笋是我国出口速冻果蔬产品中常见的一个品种，其关键环节是漂烫、预冷（自来水喷淋冷却、自来水浸泡冷却、冷冻水浸泡冷却）和速冻。

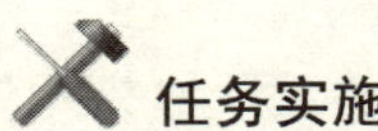

任务实施

一、加工速冻竹笋

1. 工艺流程

原料验收→清洗→剥壳→除笋衣和粗纤维→再清洗→切片或丝→浸泡→漂烫→自来水喷淋冷却→自来水浸泡冷却→冷冻水浸泡冷却→沥水→速冻→挑选→包装→金属探测→检验→入库冷藏。

2. 操作规程

(1) 原料验收

选用新鲜无病虫害、无损伤的麻（甜）竹笋。原料农药残留应符合《无公害食品竹笋干》（NY 5232—2004）和《食品中农药最大残留限量》（GB 2763—2012）的规定，重金属含量应符合《食品中污染物限量》（GB 2762—2012）的规定。

(2) 原料预处理

1）清洗、剥壳、除笋衣和粗纤维、再清洗、切片或丝、浸泡。由于竹笋接触土壤，容易被有毒有害物质和微生物污染，所以收回的原料必须清洗干净。然后用剥壳机剥去笋壳，人工除去笋衣，检查笋基部是否纤维化，若有则予以切除。之后需再次清洗，并按规格（笋片4 cm×1.5 cm×0.4 cm，笋丝4 cm×0.4 cm×0.4 cm）切片或切丝，并立即浸泡在流动水中以防笋肉褐变和发酵。

2）漂烫。漂烫的目的是钝化竹笋组织中酶的活性并杀菌，防止笋肉纤维化、氧化变色和受微生物污染，工艺条件为96～98℃，热水维持2 min。此工序是关键控制点之一，应严格控制工艺条件。

3）预冷处理（自来水喷淋冷却、自来水浸泡冷却、冷冻水浸泡冷却）。漂烫后的笋片或笋丝先后用自来水喷淋、流动自来水浸泡和5℃左右的冷水浸泡处理，将料温降低至10℃左右。为了抑制致病菌等微生物的生长繁殖，浸泡水需添加4～5 mg/L氯消毒液，或采用臭氧水（浓度为0.4 mg/L左右）处理。每班更换一次冷却水以保证冷却水的卫生安全。

4）沥水。预冷后的笋片、笋丝应均匀分布在不锈钢输送带上，送往冷冻区的同时进行振动和吹风，去掉笋片、笋丝表面的水分，防止冷冻时粘在一起。

（3）速冻

速冻过程采用流态床式速冻方法，温度为－37～－35℃、流速4～5 m/s的冷空气从输送带下面往上吹，将笋片、笋丝吹起似沸腾状进行速冻。笋片、笋丝速冻过程分为两区段完成，第一区段为表层冻结区，第二区段为深温冻结区。笋片、笋丝进入冻结室后，首先进行快速冷却，即表层冷却至冰点温度使表层冻结，笋片、笋丝间或笋片、笋丝与不锈钢传送带间成散离状态，彼此间互不粘连，然后进入第二区段深温冻结至中心温度为－18℃以下，整个冷冻过程约10 min即可完成。

（4）挑选和包装

冻结的笋片、笋丝从冷冻室出来后至包装前，在运行的输送带上由人工检查、剔除有黑点的笋片、笋丝和杂质，粘连的笋片、笋丝则检出放回冷水浸泡工段解冻分离，重新冷冻。合格的笋片、笋丝用聚乙烯薄膜袋包装，外包装用纸箱。

（5）金属探测和检验

因为剥壳、切丝和速冻工序可能因设备破损或螺钉脱落而在产品中残留金属碎片，造成产品的安全危害，所以需用金属探测器对包装后的每一箱产品进行金属检查，剔除含有金属碎屑的产品。成品的抽样检验包括温度检验、感官检验和微生物检验。

（6）入库冷藏

冷藏库的室内温度应保持在－20℃以下，温度波动要求控制在2℃以内。

二、产品质量控制

1．生产过程质量控制

（1）关键过程控制

1）漂烫。漂烫的目的是钝化竹笋中的酶活性，防止竹笋褐变和纤维化，同时漂烫也具有杀菌作用。因此，漂烫温度和时间的确定必须确保竹笋中的酶活性已失活。生产上可采用联苯胺或愈创木酚法定性检测果蔬中的酶活性。

2）预冷处理。此过程要控制好冷却水的余氯浓度和温度符合工艺要求。余氯浓度不足，冷却水中微生物会大量繁殖，导致产品微生物超标；温度太高，一方面会导致冷却水中的微生物繁殖，另一方面会导致物料温度过高，速冻时物料降温速率慢，终温达不到要求，影响产品质量。

3）速冻。物料厚度要符合规定要求，物料太厚会导致中心部分物料温度未降至规定温度，且要经常检查冷冻机的空气温度和流速。

（2）常见质量问题及其原因分析

速冻产品在生产和储存过程中经常会发生一些质量问题，应根据实际情况分析原因，采取应对措施。表3—3是速冻果蔬生产和储存中常见的一些质量问题及其原因分析。

表 3—3　**速冻果蔬生产和储存中常见的一些质量问题及其原因分析**

质量问题	原因分析
龟裂	0℃时冰的体积比水的体积约大9%，因此含水量多的果蔬冻结时体积会膨胀。由于冻结时表面水分首先结成冰，然后冰层逐渐向内部延伸。当内部的水分因冻结而膨胀时，会受到外部冻结层的阻碍，于是产生内压（冻结膨胀压）。内压过大使外层难以承受时则会造成产品龟裂
干耗	果蔬在速冻过程中会产生干耗。因为果蔬在冻结过程中热量被带走的同时，部分水分也会被带走，因此通常送风式冻结比接触式冻结干耗大。冻结品在冻藏过程中也会发生干耗，这主要是冻结品表面的冰晶直接升华所致。冻藏时间越长，干耗问题越突出
变色	凡是在常温下能发生的变色，在长期冻藏过程中同样会发生，只是进行的速度很慢而已。因为冻结并不能完全抑制酶的活性，一旦温度回升，酶活性提高就会加速各种生化反应。因此，一些未经过热烫或热烫不充分的果蔬产品会发生褐变
流汁	冻结速度缓慢会使组织受机械损伤，解冻后冰溶化的水不能被细胞所吸收，就会变成汁液流失，使果蔬口感、风味、营养价值发生劣变，并造成重量的损失

2. 终产品质量控制

成品入库前应进行抽样检验，检验项目包括温度检验、感官检验和微生物检验。温度检验，即用温度计插入包装箱中心测定笋片品温，温度应低于－18℃，否则应重新冷冻。感官检验的指标应符合表 3—4 的要求，微生物检验的指标应符合表 3—5 的要求。

表 3—4　**速冻竹笋感官质量要求**

项目		要求
结冻状态感官指标	色泽	白色或淡黄色，色泽基本一致
	形态	笋丝粗细均匀，长短基本一致
	异物、杂质	不得检出
	碎片	≤5%
	变形	≤5%
	斑点	≤5%
	黏结（5 条以上）	≤5%
解冻状态感官指标	色泽	浅黄色，色泽基本一致
	滋味	具有竹笋应有的风味，无异味

表 3—5　**速冻竹笋微生物要求**

项　目	要　求	项　目	要　求
菌落总数/（cfu/g）	$\leqslant 5\times 10^5$	霉菌/（个/g）	≤500
大肠菌群/（cfu/g）	≤1 000	致病菌	不得检出
酵母菌/（cfu/g）	≤1 000		

任务2　速冻菠萝丁加工

本任务将完成速冻菠萝丁的加工。速冻菠萝丁属于速冻水果，不需要进行漂烫处理，但要特别注意清洗消毒处理，其关键环节是清洗消毒、预冷和速冻。

任务实施

一、加工速冻菠萝丁

1．工艺流程

原料验收→喷淋清洗→去皮、目、心→漂洗→消毒→切丁→预冷→沥水→速冻→挑选→包装→金属探测→抽检→冷藏→冷链运输→冷柜销售。

2．操作规程

（1）原料验收

原料应为合格供应商提供并有检验合格证明的果实。果实新鲜饱满，成熟度控制在6～8成，皮青肉黄为佳，无畸形、病虫害、霉烂、黑眼及机械伤引起的腐烂现象。

（2）原料预处理

1）喷淋清洗和去皮、目、心。验收合格的菠萝原料应尽快加工，防止微生物大量繁殖。首先用自来水喷淋洗掉果实表面的泥沙、残留的农药和大部分微生物。接着去皮、目和心，用自来水将果实表面漂洗干净。

2）消毒。冲洗干净的菠萝果实在0.4 mg/L臭氧水中浸泡3 min左右，以杀灭所有的致病菌和绝大部分非致病性微生物。

3）切丁。消毒过的菠萝经检查确认皮、眼剔除干净后，放入切丁机中切成丁（1 cm×1 cm×1 cm）。

4）预冷。速冻前经过5℃左右的冷却水浸泡，将料温降低至10℃左右。为了抑制致病菌等微生物的生长繁殖，冷却水需添加4～5 mg/L氯消毒液，或采用臭氧水（浓度为0.4 mg/L左右）处理。

5）沥水。预冷后的菠萝丁应均匀分布在不锈钢输送带上送往冷冻区，同时振动去掉果肉表面多余的水分，防止冷冻时果丁黏结在一起。

（3）速冻

采用流化床式速冻方法，将温度为-35～-30℃、流速为4～5 m/s的冷空气从输送带下面往上吹，将果肉吹起似沸腾状后进行速冻。速冻过程分为两区段完成，第一区段为表层冻结区，第二区段为深温冻结区。果丁进入冻结室后，首先进行快速冷却，即表层冷却至冰点温度使表层冻结，果丁间、果丁与不锈钢带间成散离状态，彼此间互不粘连，然后进入第二区段深温冻结至中心温度为-18℃以下，整个冷冻过程约15 min即可完成。

（4）挑选和包装

冻结的果丁从冷冻室出来后至包装前，在运行的输送带上由人工检查，剔除有黑点或果皮的果丁和杂质，粘连的果丁则捡出放回冷却水中解冻分离，重新冷冻。

合格的菠萝丁用聚乙烯薄膜袋做内包装，纸箱做外包装。

（5）金属探测和抽检

用金属探测器对包装后的每一箱产品进行金属探测，剔除含有金属碎屑的产品。成品的抽样检验包括温度检验、感官检验和微生物检验。

（6）冷藏、冷链运输和冷柜销售

冷藏库的室内温度应保持在－20℃以下，温度波动要求控制在2℃以内。

长途运输应保持品温在－18℃以下，短途运输允许温度升至－15℃，但交货后应尽快降至－18℃。销售冷柜应保持为－15℃，允许短时升温但不得高于－12℃。

二、产品质量控制

1．生产过程质量控制

由于速冻菠萝丁是即食食品，所以要特别注意微生物问题。人员、设备、工具、环境的卫生要符合良好作业规范（GMP）要求；清洗果实时要用符合生活饮用水标准的流动自来水；消毒用臭氧水和预冷处理水的臭氧浓度和有效氯浓度要定期测定，以确保符合规定要求。只有这样，才能确保产品不含致病菌，同时减少产品中腐败微生物含量。

其他过程控制措施参见任务1。

2．终产品质量控制

成品入库前应进行抽样检验，检验项目包括温度检验、感官检验和微生物检验。温度检验是用温度计插入包装箱中心测定菠萝丁品温，温度应低于－18℃，否则应重新冷冻。感官指标应符合表3—6的要求，微生物指标应符合表3—7的要求。

表3—6　　速冻菠萝丁感官质量要求

项目		要求
结冻状态感官指标	色泽	淡黄色，色泽基本一致
	形态	大小均匀，规格符合要求
	异物、杂质	不得检出
	碎片	≤5%
	斑点	≤5%
	连结（3丁以上）	≤5%
解冻状态感官指标	色泽	浅黄色至黄色，色泽基本一致
	滋味	具有菠萝应有的风味，无异味

表3—7　　速冻菠萝微生物要求

项目	要求	项目	要求
菌落总数/（cfu/g）	$\leqslant 5\times10^5$	霉菌/（个/g）	≤500
大肠菌群/（cfu/g）	≤300	致病菌	不得检出
酵母菌/（cfu/g）	≤1 000		

速冻果蔬的解冻

速冻果蔬在食用前或进一步加工前需经解冻，使冰晶融化，并使果蔬恢复到冻结前的新鲜状态。解冻是冻结果蔬中的冰晶还原融化成水的过程，可视为冻结的逆过程。其进行的好坏对冻结果蔬的品质影响很大。

解冻时冻结食品需处在比其本身温度高得多的介质中，冻结食品表层的冰首先解冻成水，随着解冻的进行，冰层的融化逐渐向内延伸。由于水的导热系数比冰小，即冻结食品已解冻的部分其导热系数比冻结部分小，因此解冻速度随着解冻的进行而逐渐减慢，这与冻结过程恰好相反。即使是快速解冻，所需的时间也比速冻时长得多，容易使食品出现变色、异味或臭味等质量问题。

速冻果蔬在解冻过程中会有部分汁液渗出，有利于微生物繁殖，因此解冻后的果蔬比新鲜果蔬更容易腐败变质。为保证食品安全，速冻果蔬一般应在低温（0～10℃）空气里、流动自来水中自然解冻，或用微波加热解冻，也可结合烹饪进行，如投入热水、热油中直接烹饪。

~思考与练习~

1. 为什么速冻食品不含防腐剂也可以长期存放？
2. 生产速冻食品时为什么要求快速冻结？如何提高冻结速度？
3. 加工速冻竹笋时，为什么要进行漂烫？如何确定烫漂时间和温度？
4. 速冻水果为什么不进行烫漂处理？
5. 速冻果蔬加工中，哪些环节对产品的质量影响较大？

项目四　蜜饯食品加工技术

学习目标

1. 了解蜜饯食品的分类。
2. 理解蜜饯食品保藏的原理。
3. 掌握食糖性质与蜜饯质量的关系。
4. 掌握蜜饯食品的加工工艺流程。

项目基础知识

一、蜜饯食品分类

蜜饯是指以果蔬等为主要原料，添加（或不添加）食品添加剂和其他辅料，经糖或蜂蜜或食盐腌制（或不腌制）等工艺制成的制品。根据《蜜饯通则》（GB/T 10782—2006）规定，蜜饯可分为以下几种：

1．糖渍类

原料经糖（或蜂蜜）熬煮或浸渍、干燥（或不干燥）等工艺制成的带有湿润糖液面或浸渍在浓糖液中的制品，如糖青梅、蜜樱桃、蜜金橘、红绿瓜、糖桂花、糖玫瑰、炒红果等。

2．糖霜类

原料经加糖熬煮、干燥等工艺制成的表面附有白色糖霜的制品，如糖冬瓜条、糖橘饼、红绿丝、金橘饼、姜片等。

3．果脯类

原料经糖渍、干燥等工艺制成的略有透明感，表面无糖霜析出的制品，如杏脯、桃脯、苹果脯、枣脯、海棠脯、红薯脯、胡萝卜脯、番茄脯等。

4．凉果类

原料经盐渍、糖渍、干燥等工艺制成的半干态制品，如加应子、西梅、黄梅、雪花梅、陈皮梅、八珍梅、丁香榄、福果、丁香李等。

5．话化类

原料经盐渍、糖渍（或不糖渍）、干燥等工艺制成的制品，分为不加糖和加糖两类，如话梅、话李、话杏、九制陈皮、甘草榄、甘草金橘、相思梅、杨梅干、佛手果、杧果干、陈皮丹、盐津葡萄等。

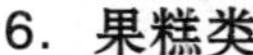

6．果糕类

原料加工成酱状，经成型、干燥（或不干燥）等工艺制成的制品，分为糕类、条类和片类，如山楂糕、山楂条、果丹皮、山楂片、陈皮糕、酸枣糕等。

7．其他类

上述六类以外的蜜饯产品。

二、蜜饯食品保藏原理

蜜饯食品可以在常温下保存较长时间，主要依赖蜜饯食品中食糖的高渗透压作用、蜜饯食品的低水分活度和食品的抗氧化作用。

1．食糖的高渗透压作用

糖溶液有一定的渗透压，通常应用的蔗糖1%的浓度可产生70.9 kPa的渗透压，大多数微生物细胞渗透压为307～615 kPa。50%的糖溶液才能阻抑大多数酵母的生长，而65%以上的糖液浓度可有效地抑制细菌和霉菌的生长。

2．低水分活度

微生物吸收营养要在一定的湿度条件下，要有一定的水分活性。糖浓度越高其水分活性越小，微生物不易获得所需的水分和营养。蜜饯的水分活性为0.75～0.80，不利于微生物的生长繁殖，因此有较强的保藏作用。

3．食糖的抗氧化作用

糖溶液中的含氧量较低，在20℃时，60%蔗糖溶液溶解氧的能力仅为纯水的1/6。因此高糖制品在储存过程中的氧化进度得到抑制。

三、食糖的性质及其与蜜饯产品特性的关系

1．糖的甜度

糖的甜度影响糖制品的甜度和风味。蜜饯加工用糖最多的为蔗糖，表4—1为在相同浓度下蔗糖与其他种类糖的甜度比较。

表4—1　　糖的相对甜度

糖种类	蔗糖	麦芽糖	葡萄糖	果葡糖浆（转化率40%）	蜂蜜（转化率75%）	转化糖	果糖
相对甜度	100	50	74	100	120	130	173

不同种类的糖，甜度有很大的差别，风味各异，并且在口中留甜的时间长短不同。在不同的温度下，相同糖的这些性质也有一定的变化，如5%的果糖液和10%的蔗糖液，当温度为50℃时果糖液与蔗糖液的甜度相等；当温度低于50℃时，果糖液甜于蔗糖液；当温度高于50℃时蔗糖液甜于果糖液。

各种糖的甜味风格不同，也能影响制品的风味。蔗糖的甜味纯正，能使人很快感受到，葡萄糖甜中带酸涩，麦芽糖甜味小又酸涩。所以蜜饯加工一般常用蔗糖，少用葡萄糖及麦芽糖。

2．糖的溶解度与结晶

每100 g水中能溶解糖的克数，称为糖的溶解度。糖的溶解度一般随溶液温度的增高而增大，见表4—2。

表4—2 食糖的溶解度

食糖种类	温度（℃）										
	0	10	20	30	40	50	60	70	80	90	100
蔗糖	64.2%	65.6%	67.1%	68.7%	70.4%	72.2%	74.2%	76.2%	78.4%	80.6%	82.9%
葡萄糖	35.0%	41.6%	47.7%	54.6%	61.8%	70.9%	74.7%	78.0%	81.3%	84.7%	
果糖			78.9%	81.5%	84.3%	86.9%					
转化糖		56.6%	62.6%	69.7%	74.8%	81.9%					

表4—2说明糖的种类不同，溶解度有差异。同一种糖液随温度增高，溶解度加大，在常温条件下蔗糖即可达到65%的溶解度，所以应用蔗糖时可煮制或蜜制。蔗糖的晶体溶于水中成溶液，浓度达到过饱和状态时，又从溶液中析出的现象称为“返砂”。

蔗糖溶液最易结晶。纯正的麦芽糖也能从溶液中结晶，但一般制品常含40%～60%的麦芽糖，混有不同程度的糊精成分，所以都为溶液状态。由于糊精成分能阻碍晶体形成，故生产企业常利用这一特性，使之与蔗糖混合使用，以阻止蔗糖在制品中结晶。淀粉糖浆含有不同程度的糊精，通常用来防止蔗糖“返砂”，使制品保持一定的柔韧性。

3. 糖的吸湿性

一般高浓度的砂糖在空气相对湿度不超过60%的条件下，不会吸湿发潮，但纯度差时，其晶体表面会有少量的非糖物质，易吸收空气中的水分而潮解，甚至使晶体溶解。糖制品吸湿后，糖的浓度和渗透压都会因水分增多而下降，削弱了糖的保藏作用，引起制品的变质和败坏。糖的种类不同，吸湿性也不一样。其中果糖最强，其次是葡萄糖，蔗糖最弱。

4. 蔗糖的转化

蔗糖属于双糖，在酸性溶液中或在转化酶的作用下会转化成等量的葡萄糖和果糖，这个过程称为蔗糖的转化，所生成的葡萄糖和果糖的混合物称为转化糖。蔗糖的转化可提高制品中蔗糖溶液的饱和度，抑制蔗糖的结晶，增大制品的渗透压，提高制品的保藏性，增加制品的柔韧性，并增进制品的甜度。

四、蜜饯加工工艺

1. 工艺流程

原料选择→原料预处理→硬化→护色→染色→糖制→干燥→包装。

2. 操作规程

（1）原料选择

为防止糖制过程中原料组织软烂，蜜饯加工多选择组织致密，硬度较高的果蔬为原料。原料的种类和品种不同，适合加工的产品各异，根据产品的特性，正确地选择适宜的加工原料，是保证产品质量的基本条件。

（2）原料预处理

按照产品对原料的要求进行必要的选别、分级。分级多以原料大小为主要依据，目的是使产品大小相同、质量一致和便于加工。分级标准根据原料的实际情况、成品特点而定。之后须进行洗涤、去皮、切分、去心、打孔划缝处理。

（3）硬化

为提高蜜饯原料的硬度，增强耐煮性，在糖煮前须进行硬化处理。将果蔬原料投入含有石灰、明矾、氯化钙等物质的水溶液中，进行短时间的浸渍，达到硬化的目的。使用的盐类含有的钙和铝离子能与果胶物质形成不溶性的盐类，使组织硬化耐煮。硬化剂的选择、用量和处理时间必须适当，一般应用0.5%左右明矾溶液、0.5%左右氯化钙溶液或饱和石灰水溶液，浸泡1～4 h。浸泡后用清水漂洗干净。

（4）护色

蜜饯原料大多数需要护色处理，主要是抑制氧化变色，使制品色泽鲜明。其方法主要有熏硫和浸硫两种。

熏硫在熏硫室或熏硫箱中进行。熏硫室或熏硫箱能严格密封，又可方便开启。熏硫时，将分级、切分的原料装盘送入熏硫室，分层码放。一般1 t原料用2 kg硫黄，或1 m^3容积用200 g硫黄。熏制时间因品种而异：梨16～18 h，苹果16～20 h，杏8～10 h，樱桃14～16 h，桃16～20 h，李12～14 h，青橄榄16～24 h。

浸硫时先配制好含0.5%左右的亚硫酸氢钠溶液，将原料在溶液中浸泡30 min左右，取出立即在流水中冲洗。

（5）染色

果蔬在糖制过程中易使所含色素遭到破坏，失去原有的色泽。为恢复原颜色，可对果蔬进行染色。染色前，果蔬原料用明矾溶液浸泡处理，有利于上色。一般将色素液加入糖液中，结合糖渍进行染色。色素属于食品添加剂，一定要严格按照《食品添加剂使用标准》（GB 2760—2011）的规定使用。

（6）糖制

糖制有糖渍和糖煮两种方法。糖渍法就是把经处理的果蔬原料逐次增加糖浓度进行腌渍。先用原料重量30%的干砂糖与原料拌匀，经12 h左右后，再补20%的干砂糖翻拌均匀。再放置12 h左右，补加10%的干砂糖腌渍，最后将果蔬捞出，沥干表面糖液或洗去表面糖液。

糖煮法分为敞煮法和真空煮制法两种。敞煮法又分为一次煮成法和变温煮成法。在具体应用中有下列几种方法。

1）一次糖煮法。对于组织疏松易于透糖的原料，将处理后的原料与糖液一起加热煮制，从最初糖液浓度40%一直加热浓缩至规定浓度（如返砂）为止。这样一次糖煮完成的方法称为一次糖煮法。

2）变温糖煮法。利用温差悬殊的环境，使组织受到冷热交替的变化，迫使糖液透入组织，加快组织内外糖液的平衡，缩短煮制时间，称为变温糖煮法。

3）真空糖煮法。用30%～40%浓度的糖液，加热到60℃即停止加热，开始抽真空减压，使糖液沸腾，同时进行搅拌，沸腾约 5 min 后可改变真空度，使糖液加速渗透，最后使糖液浓度达到 60% ~65% 时解除真空，完成糖煮过程，全部时间需 1 天左右。由于真空糖煮法糖液温度低、煮制时间短，因此所有制品色泽浅淡鲜明、风味纯好。

（7）干燥

果脯类蜜饯在糖制后需要烘干，烘干房温度为 60℃左右，时间为 12 ~24 h。烘干至手感不黏、不干硬为宜。

凉果、话化类蜜饯制品糖制后需要晾晒。晾晒在晒场进行，设有专门的晾架，晒至产品表面干燥或萎蔫皱缩为止。经太阳暴晒的凉果、话化制品会形成一种特有的香味，而烘干则没有这种香味。

糖霜类蜜饯一般糖煮至返砂，取出散放在筛面上，晾干即可。也可采取上糖粉的方法，即在蜜饯表面裹上一层糖粉，增强其保存性。如果产品水分较高，也可用烘房进行烘干。

糖渍类蜜饯在糖制后不需要干燥，直接包装即可。

（8）包装

果脯类蜜饯在包装前要进行整形、回软，即将干燥后的产品存放在密闭容器中 3 天左右，促使不同片块蜜饯之间的水分均衡，组织内外水分一致，产品回软，利于整形和包装。

糖渍类蜜饯一般用玻璃瓶或 PET 塑料瓶包装，蜜饯浸泡在浓糖液中。其他类蜜饯一般用塑料袋包装。

任务 1　红薯脯加工

本任务将完成红薯脯的加工。各组可分别制成含糖量不同的红薯脯，但产品质量应符合《蜜饯通则》（GB/T 10782—2006）中对果脯类蜜饯的要求。

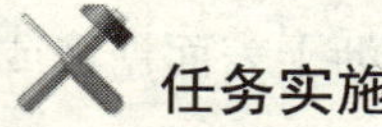

任务实施

一、加工红薯脯

1. 工艺流程

原料验收→清洗→去皮→切分→护色、硬化→一次糖煮→一次糖渍→二次糖煮→二次糖渍→干燥→回软、整形、包装。

2. 操作规程

（1）原料验收

应选用新鲜无腐烂的黄心或红心红薯，花心红薯不能使用（因紫色部分在成品中很像黑点）。

（2）原料预处理

1）清洗。将红薯浸泡在自来水中，用刷子将红薯表面的泥土洗刷干净，然后用自来水冲洗。

2）去皮。用去皮机或手工将薯皮去掉，约去 1 mm 厚（要求将表皮层和内皮层都去掉，看到薯心部分）。由于红薯去皮后会迅速褐变，所以机械去皮时要同时喷水，人工去皮时要在水槽中完成。去皮后的原料需立即浸泡在水中。

3）切分。将产品按要求切成长方形、菱形等多种形状，使产品外形美观大方即可。切后用清水洗去附在薯块外表的碎屑和淀粉。

4）护色、硬化。将切好的薯块放入含有 0.5% 亚硫酸氢钠和 0.5% 氯化钙的溶液中，浸泡 1～2 h，取出后用自来水漂洗 5 min 左右。

（3）两次糖煮和两次糖渍

配制 40% 左右的糖水（4 kg 白糖 +6 kg 水 +10 g 柠檬酸），煮沸后加入薯片（液面没过薯片 10 cm 以上），煮开 10 min 左右停止加热，浸泡过夜。

第二天沥出糖液，并加热，补充白糖至糖液浓度达到 40%，煮沸糖液后加入薯片，继续加热煮沸 10 min 左右后停止加热，浸泡过夜。

第三天将糖液与薯片煮沸后捞出，单层平摊于烘盘上。

如果要生产低糖红薯脯，一次糖渍就可以了。

（4）干燥

将烘盘置于干燥机内，保持干燥机内的空气温度在 60℃ 左右，连续烘 12 h 左右，用手摸薯片不粘手、稍有弹性时即可停止干燥。

（5）回软、整形、包装

将干燥后的薯块除去碎屑和不成形的小块，装入大包装容器中回软 1～3 天，待各薯片水分平衡后，人工整理薯片外形，按一定重量装入食品袋内。

二、产品质量控制

1. 加工过程质量控制

（1）关键过程质量控制

1）原料验收。原料验收除了要保证原料的重金属和农药残留量符合要求外，还要特别关注品种和新鲜度问题。红心和黄心红薯是最好的品种；选用白心红薯要注意不能使用淀粉含量太高的品种，因为这些品种不容易吸收糖液，加工成的产品口感较硬。另外，要注意储存很久、糖化过度的红薯，不仅容易煮烂，而且由于转化糖含量过高，产品表面无法烘干而呈黏液状。

2）硬化和护色处理。用亚硫酸盐护色时要控制好亚硫酸盐用量，防止产品二氧化硫超标；同时也要防止硬化剂和护色剂用量不足或浸泡时间不够，导致薯块在煮糖时软烂，成品在储存过程中褐变。

3）糖煮和糖渍。第一次煮制蔗糖液时加入少量柠檬酸的目的是促进部分蔗糖转化为转化糖，防止果脯返砂，提高果脯的透明度和柔软性。但第二次煮糖以及重复使用旧糖液时，就不能再加酸了，因为这时糖液中的转化糖含量已经较高，而转化糖含量太高的糖液浸泡出来的果脯会出现“流汤”现象，而且也很容易产生褐变。

（2）加工过程记录

为了保证加工过程按照规定的工艺实施，同时也为了实现加工过程的可追溯性，应按照表4—3记录红薯脯加工过程的一些关键数据。

表4—3　　红薯脯加工过程记录

加工步骤	记录（原材料消耗、工艺参数、产品品质等）
红薯原料	原料质量______kg，外观：
去皮红薯	质量______kg，得率______%，表面色泽：
红薯片	质量______kg，得率______%，形状及色泽：
第一次煮糖	加糖量______kg，糖液浓度____%
第一次浸糖	糖液浓度____%，薯片色泽、饱满度、软烂等：
第二次煮糖	加糖量______kg，糖液浓度____%
第二次浸糖	糖液浓度____%，薯片色泽、饱满度、软烂等：
烘干前薯片	质量______kg，薯片色泽、饱满度、软烂等：
烘干温度和时间	
烘干后薯片	质量______kg，水分含量______%，薯片色泽、饱满度等：

（3）加工中常见的质量问题及其解决办法

1）变色。蜜饯食品在加工过程及储存期间都可能发生变色，在加工期间的前处理中，变色的主要原因是氧化引起的酶促褐变，其控制办法必须做好护色处理，即去皮后要及时浸泡在盐水或亚硫酸盐溶液中，有的含气高的蜜饯食品还需进行抽真空处理，在整个加工工艺中尽可能缩短其与空气接触的时间，防止氧化。

产品储藏期间的变色主要由羰氨反应引起，其控制办法包括原料用硫处理、降低产品的还原糖含量、低温储存等。

2）返砂和流汤。返砂和流汤的产生主要是由于蜜饯制品在加工过程中，糖液中还原糖的比率不合适或储藏环境条件不当引起的，这时糖制品会出现糖分结晶（返砂）或吸湿潮解（流汤）。控制办法主要是在加工中要注意加热的温度和时间，控制好还原糖的比例。

3）微生物败坏。蜜饯产品在储藏期间最易出现的微生物败坏是长霉和发酵产生酒精味。这主要是由于产品含糖量低于规定要求，而水分含量又较高引起的。控制办法是控制产品的含糖量和含水量，确保水分活度低于0.85。对于低糖制品一定要采取防腐措施，如添加防腐剂、低温储藏等。

4）煮烂和干缩问题。果脯加工中，由于果实种类选择不当，加热温度和时间不准，预处理方法不正确以及浸糖数量不足，都会引起煮烂和干缩现象。原料质地较软的果品常发生煮烂现象。解决方法主要有选择理想适宜的成熟度、保证硬化剂浓度和处理时间、控制煮制的温度和时间等。干缩现象产生的主要原因是果实成熟度低而引起的吸糖量不足、煮制浸渍过程中糖液浓度太高引起果蔬组织脱水等。解决方法是分次加糖、逐步提高浸渍糖液浓度等。

2．终产品质量控制

应按照《蜜饯通则》（GB/T 10782—2006）的规定对终产品实施抽样检验。感官指标应符合表4—4的规定，理化指标应符合表4—5的要求，安全指标应符合《蜜饯卫生标准》（GB 14884—2003）的规定。

表4—4　　红薯脯感官指标

项目	色泽	形态	滋味、气味	杂质	质地
要求	呈原有品种的色泽	片形完整，大小较均匀，无碎片	具有红薯特有滋味、气味，无异味	不得检出	质地软，韧性较好

表4—5　　红薯脯理化指标

项目	水分	总糖	还原糖
指标	≤25%	30%～75%	≤20%

任务2　冬瓜糖加工

本任务将完成冬瓜糖的加工。产品质量要求是饱满无空心，表面附白色糖霜，符合《蜜饯通则》（GB/T 10782—2006）中对糖霜类蜜饯的要求。

任务实施

一、加工冬瓜糖

1．工艺流程

原料选择→去皮、切条→石灰水硬化→漂洗→热烫→冷却→加瓜条重量30%的糖→浸渍→二次加瓜条重量30%的糖→二次浸渍→加瓜条重量20%的糖→煮制→冷却→挑选、包装。

2．操作规程

（1）原料选择

选择新鲜、完整、肉质致密的冬瓜为原料，成熟度以坚熟为宜。

（2）原料预处理

1）去皮、切条。将冬瓜表面的泥沙洗净后，削去瓜皮。然后，切成宽5 cm的瓜圈，去除瓜瓤和种子，再将瓜圈切成1.5 cm宽的小条或其他规格的瓜条。

2）石灰水硬化。将瓜条倒入饱和石灰水的澄清液中，浸泡4～8 h，使瓜条质地硬化，以易折断为度。

3）漂洗。硬化后的瓜条用清水将石灰水洗净，并用清水浸泡，每1 h换1次水，换

3～4 次；或者用流动水漂洗，除去瓜条表面的石灰水。可采用 pH 试纸测定瓜条表面的 pH 值，呈中性即可停止漂洗。

（3）热烫和冷却

将漂洗干净的瓜条倒入煮沸的清水中热烫 5～10 min，至瓜条透明为止，取出用清水漂洗 3～4 次，冷却至常温。

（4）多次糖渍

整个糖渍过程分为两步。第一步，将冬瓜条从清水中捞出，沥干水分，在瓜条中加入瓜条重量 30% 的蔗糖（天热时为防止浸渍时糖液发酵，可加入瓜条重 0.1% 的亚硫酸钠），拌匀，浸渍 8～12 h。第二步，加入和第一步一样多的蔗糖，拌匀，浸渍 8～12 h。

（5）加瓜条重量 20% 的糖、煮制、冷却

将瓜条和糖液放入夹层锅内煮沸，小火熬制，同时称取漂洗后瓜条重量 20% 的蔗糖（即浸渍用糖量的 2/3），分 3 次加入，至糖液开始出现返砂（糖结晶）时即可出锅。将瓜条铺在不锈钢台面上，使其自然冷却；在瓜条冷却过程中，人工分开粘在一起的瓜条，整理弯曲的瓜条。待瓜条冷却后，瓜条表面即出现糖霜，即所谓的返砂。

（6）挑选、包装

挑选剔除细碎的冬瓜糖，合格的瓜条用塑料袋或其他包装材料包装。

二、产品质量控制

1．加工过程质量控制

（1）关键过程质量控制

1）硬化和漂洗。冬瓜糖加工中，瓜条的硬化处理必须使用石灰水，因为石灰水呈碱性，可以中和新鲜冬瓜条中的酸性物质，防止在煮糖过程中蔗糖发生转化而影响返砂。

硬化后的瓜条一定要漂洗至中性。如果漂洗不干净，瓜条呈碱性，那瓜条在热烫时就会变黄，影响产品的感官质量。

2）糖渍。应防止瓜条发酵变酸。如果瓜条变酸，将不仅影响产品的风味，而且糖液变酸后蔗糖也容易转化为转化糖，糖煮后可能无法返砂。

3）糖煮。糖煮过程中要小火慢熬，使瓜条内的水分和糖液的糖分互相渗透交换，确保瓜条吸糖充分、饱满。如果大火煮制，则糖液会很快蒸发、浓缩、返砂，瓜条无法吸入足够的糖分而呈空心。如果糖煮返砂后的瓜条水分含量高于规定，可将瓜条用热风干燥至合格。

（2）加工过程记录

参照表 4—6 记录冬瓜糖加工过程中的一些关键数据。

表 4—6　冬瓜糖加工过程记录

加工步骤	记录（原材料消耗、工艺参数、产品品质等）
冬瓜原料	原料质量______kg，外观：
去皮、去心	质量______kg，得率______%，其他：

续表

加工步骤	记录（原材料消耗、工艺参数、产品品质等）
切条	质量_____ kg，得率_____%，其他：
硬化	硬化_____h，其他：
漂洗	漂洗_____h，pH 值___，质量_____ kg，得率_____%，其他：
热烫、冷却	热烫_____min，瓜条色泽： 其他：
第一次加糖及腌制	加糖_____kg，腌制___h，瓜条色泽、饱满度等：
第二次煮糖及腌制	加糖_____kg，腌制___h，瓜条色泽、饱满度等：
第三次加糖	加糖_____kg
煮制	质量_____ kg，薯片色泽、饱满度、软烂等：
冷却	瓜条返砂、色泽、饱满度等情况： 瓜条质量_______kg，得率_____%（以瓜条计），得率_____%（以鲜瓜计）。
其他：	

2．终产品质量控制

应按照《蜜饯通则》（GB/T 10782—2006）的规定对终产品实施抽样检验。感官质量应符合表 4—7 的规定，理化指标应符合表 4—8 的要求，安全指标应符合《蜜饯卫生标准》（GB 14884—2003）的规定。

表 4—7　　冬瓜糖感官指标

项目	色泽	形态	滋味	杂质
要求	白色，呈半透明	条形完整，大小较均匀；糖霜面均匀；无碎片	清甜，无异味	不得检出

表 4—8　　冬瓜糖理化指标

项目	水分	总糖
指标	≤20%	75%～85%

任务 3　话梅加工

本任务将完成话梅的加工。产品质量要求酸甜可口，入口有回味，表面干爽不粘手，符合《蜜饯通则》（GB/T 10782—2006）中对话化类蜜饯的要求。

任务实施

一、加工话梅

1．工艺流程

原料选别→腌渍→晾晒→脱盐→配汁→浸汁→晒干→包装。

2. 操作规程

(1) 原料选别

选用成熟度在七八成的鲜果，拣去杂质与霉烂果。

(2) 腌渍

100 kg 鲜果加盐 12 ~ 15 kg、明矾 200 g，与鲜果拌匀放入缸中腌渍 7 ~ 10 天，每隔 2 天翻动一次，使盐分渗透均匀。

(3) 晾晒、脱盐

待梅腌透后，捞出晾晒即为盐坯。把干燥的半成品梅坯按照三浸三换水的方法（第一次 4 h 换水一次，第二次 6 h 换水一次，第三次 3 h 换水一次）进行脱盐，使盐坯的食盐残留量在 1% ~2%，以果坯近核部略感咸味为宜。然后沥干水分，暴晒至半干，以坯肉用指压感觉稍软为度。

(4) 配汁与浸汁

100 kg 果坯的浸液用量配方为水 25 kg，甘草 2.5 kg，砂糖 3 kg，精盐 8.5 kg，肉桂、丁香、豆蔻、茴香粉末各 50 g。先把甘草洗净，以 25 kg 水煮沸浓缩到 25 kg，滤出甘草汁，拌入上述各料成甘草糖香液。把甘草糖香液加热到 80 ~ 90℃，趁热加入半干果坯，缓缓翻动，使之吸足汁液。

(5) 晒干

取剩余的甘草汁加热到 80℃，加白糖 1 kg、糖精 10 g、香精 40 mL，溶解后倒入半干的话梅中，搅拌均匀，待甘草液被吸收完时即可在阳光下暴晒，晚上收集堆在一起，白天再摊开暴晒，如此反复至制品表面呈“霜粉形”，果肉干皱成纹，不粘手时，即可收集。如果料液中加入的蔗糖较多，暴晒后产品表面无霜粉，可以用食用滑石粉撒在产品表面，最高用量为 20 g/kg。

(6) 包装

用塑料盒、塑料袋或铝箔袋包装。

二、产品质量控制

1. 加工过程质量控制

(1) 料液配制和浸泡

话梅加工中料液熬制所用香料、甘草、柠檬酸、蔗糖、甜味剂（甜蜜素、糖精钠等）的配方是影响话梅口感质量的重要因素。为了增加产品入口后的回味，话梅中通常加入少量糖精钠（最高用量为 5 g/kg）。

如果一次浸泡梅坯无法吸收所有料液，则可日晒后多次浸泡。

(2) 日晒

只有经过日光晒的话梅才会形成话化类蜜饯特有的滋味，若用热风烘干则无此特有滋味。因此，话梅一定要经过一周以上的日晒夜堆，即白天摊开暴晒，夜间堆积一起，反复一周以上，让梅坯内部的水分逐步转移至表面蒸干，同时生成一些芳香物质，表面形成盐霜和糖霜。为防止苍蝇等有害生物的危害，现在一般采用透光玻璃室或纱网室代替传统的晒场。

2. 终产品质量控制

应按照《蜜饯通则》（GB/T 10782—2006）的规定对终产品实施抽样检验。感官指标应符合表4—9的规定，理化指标应符合表4—10的要求，安全指标应符合《蜜饯卫生标准》（GB 14884—2003）的规定。

表4—9　话梅感官指标

项目	色泽	形态	滋味	杂质
要求	黑褐色，表面有少量白霜	颗粒完整，大小均匀，果皮有皱纹，果身干爽，表面略有盐霜析出，肉质细腻	酸甜咸味俱全，有香味，食之味长，无苦味、异味	不得检出

表4—10　话梅理化指标

项目	水分	总糖	氯化钠
指标	≤35%	≤60%	≤15%

传统的四大地方特色蜜饯

蜜饯是一种全国性的传统小吃，比较著名的有京式、广式、苏式和闽式几种。

京式蜜饯也称北京果脯，起源于北京，其中以苹果果脯、金丝蜜枣、金糕条最为著名。京式蜜饯口味偏甜，外观果体透明，表面干燥。配料单纯，但用量大，特点是入口柔软，口味浓甜。

广式窨饯起源于广州、潮州一带，其中糖心莲、糖橘饼、奶油话梅享有盛名。其表面干燥，口味酸甜，以甘香浓郁著称，特别适合南方口味。

苏式蜜饯起源于苏州，包括产于苏州、上海、无锡等地的蜜饯。其中以蜜饯无花果，金橘饼、白糖杨梅最有名。苏式蜜饯的口味最为丰富，集甜、酸、咸于一体，配料齐，品种多，富有回味。

闽式蜜饯起源于福建的泉州、漳州一带。其中以大福果、加应子、十香果最为著名。闽式蜜饯的特点是配料品种多，用量大，味甜多香，富有回味。

~思考与练习~

1. 为什么蜜饯食品水分含量那么高也可以长期存放？
2. 为什么有的蜜饯是半透明的，而有的蜜饯表面有糖霜？
3. 在加工冬瓜糖等糖霜类蜜饯时，是否可以用果葡糖浆代替蔗糖？为什么？

4. 某厂生产的冬瓜糖表面糖霜干爽，但储存2个月左右就开始长霉。请分析原因。

5. 某食品厂技术员李明最近碰到一个难题：车间最近生产的红薯脯表面很难烘干，总有部分薯片表面有黏液。请帮助李明分析原因并找到解决的办法。

6. 在使用滑石粉、糖精钠等食品添加剂时，应注意什么问题？

项目五　果冻和果酱加工技术

学习目标

1. 了解果冻和果酱的概念和分类。
2. 理解果胶和卡拉胶凝冻机理。
3. 掌握果冻和果酱的基本配方。
4. 掌握果冻和果酱的加工工艺流程。

项目基础知识

一、果冻和果酱的概述

1. 果冻概述

果冻是以果胶、琼脂等凝固剂，配以果汁、食糖等，经溶胶、调配、灌装、杀菌、冷却等工序加工而成的胶冻食品。目前市场上流行的小包装果冻大多是由果冻粉、调味剂、色素和香精所配制而成的凝胶体，这种配制果冻所使用的果冻粉主要成分是以卡拉胶、魔芋粉为主要原料，添加其他植物胶和离子配制，罐装后密封杀菌而成的。根据配料及产品要求不同，果冻可分为不同类型，果冻分类见表 5—1。

表 5—1　　果冻分类

依据	一级分类	定义	二级分类	定义
根据组织形态分类	凝胶果冻	内容物从包装容器倒出后，能基本保持原有形态，呈凝胶状的果冻	杯形凝胶果冻	以杯形材料包装，且杯口用盖膜经热封口的凝胶果冻
			长杯形凝胶果冻	以杯身具有一定高度的杯形材料包装，且杯口用盖膜经热封口的凝胶果冻
			条形凝胶果冻	以薄膜材料包装，呈柱状的凝胶果冻
			异形凝胶果冻	除上述类型以外的凝胶果冻
	可吸果冻	内容物从包装容器倒出后，呈半流体凝胶状，能够用吸管或吸嘴直接吸食的果冻		
根据原料分类	果味型	果汁含量低于 15% 的产品		
	果汁型	果汁含量不低于 15% 的产品		
	果肉型	含有不低于 15% 新鲜或经加工的水果块、果粒的产品		
	含乳型	添加乳或乳制品等原料加工制成的产品		
	其他型	除上述类型以外的产品		

2. 果酱概述

果酱是果肉加糖煮制成中等稠度而无须保持果块形状的制品，通常是将水果通过去皮、去核等处理后打浆再加糖、酸及增稠剂，进行浓缩、罐装密封后再经过杀菌等制成的酱状产品。果酱的分类见表5—2。

表5—2　　果酱产品分类

依据	一级分类	定义	二级分类	定义
按原料分	果酱	配方中水果、果汁或果浆用量大于等于25%（以鲜果计）		
	果味酱	配方中水果、果汁或果浆用量小于25%（以鲜果计）		
按加工工艺分	果酱罐头	按罐头工艺生产的果酱产品		
	其他果酱	非罐头工艺生产的果酱产品		
按产品用途分	原料类果酱	供应食品生产企业，作为生产其他食品的原辅料的果酱	酸乳类用果酱	加入酸乳并在其中能够保持稳定状态的果酱
			冷冻饮品类用果酱	加入冰淇淋及其他冷冻饮品中的果酱
			烘焙类用果酱	加入烘焙类产品的果酱
			其他果酱	除上述外，作为生产其他食品原料的果酱
	佐餐类果酱	直接向消费者提供的，佐以其他食品一同食用的果酱		

果味酱（果味果酱）是指加入或不加入水果、果汁或果浆，使用增稠剂、食用香精、着色剂等食品添加剂，加糖（或不加糖），经配料、煮制、浓缩、包装等工序加工制成的酱状产品。

果酱的保藏原理是利用高浓度糖液产生高渗透压和抗氧化作用抑制微生物的繁殖生长，降低水分活度，同时加热钝化酶活性，结合密封防止外界各种污染，再经过杀菌得以长时间保存。

二、果冻和果酱凝胶原理

1. 果胶的凝胶作用

果酱是利用果胶的胶凝作用来制取的，当果胶在加入脱水剂（砂糖）后脱水形成胶凝。果胶是由D－半乳糖醛酸以a－1，4糖苷键结合而成的多糖，通常以部分甲酯化状态存在。依据其甲酯化程度的不同，一般将果胶分为高甲氧基果胶或称高酯果胶（HMP）和低甲氧基果胶或称低酯果胶（LMP），果品所含的果胶是高甲氧基果胶。

（1）高甲氧基果胶凝胶的形成条件

高甲氧基果胶是指甲酯化程度在50%以上的果胶。其典型的胶凝条件为pH值为2.0～3.6，可溶性固形物含量大于50%。

（2）低甲氧基果胶凝胶的形成条件

甲酯化程度不到50%的果胶称为低酯果胶。其凝胶的形成需要Ca^{2+}的存在，Ca^{2+}的用量主要取决于果胶的酯化度、配方等因素。在pH值为2.5～6.5时都可形成凝胶，可溶性固形物对凝胶的影响不大。

2. 卡拉胶的凝胶作用

卡拉胶是从海藻中提取的一种直链型多糖，其在食品工业中主要作为胶凝、增稠、稳定和持水剂等使用，果冻中用作胶凝剂。卡拉胶水溶液相当黏稠，其黏度比琼脂大，热的卡拉胶（κ型和τ型）在冷却时由于键的交联而形成“一定范围”的分子内的双螺旋结构，当有钾、钙等凝胶促进离子存在时，就能形成坚强的网状结构，由于卡拉胶结构的多样性，故可与其他胶体相互作用形成一系列不同的凝胶。其凝胶强度、黏度和其他特性很大程度上取决于卡拉胶的类型、分子量、pH值和其他食品胶的状况等。根据组成和结构的不同，卡拉胶可分为κ型、τ型和λ型等。目前生产果冻使用的主要是κ型卡拉胶，它是一种钾敏卡拉胶，钾离子的适量添加可大幅度提高其凝固性，使凝胶强度升高。卡拉胶的基本性质见表5—3。

表5—3　　卡拉胶的基本性质

性质	条件	κ型	τ型	λ型
溶解性	热水	70℃以上溶解	70℃以上溶解	溶解
	热牛奶	70℃以上溶解	70℃以上溶解	溶解
	冷牛奶	不溶	不溶	分散并增稠
	冷牛奶 + Na_3PO_3	增稠或凝固	增稠或凝固	增稠或凝固
	浓糖水	热溶	难溶	热溶
胶凝性	阳离子	加 K^+ 形成凝胶	加 Ca^{2+} 形成凝胶	不凝固
	凝胶类型	脆、硬、泌水	有弹性、不泌水	不凝固
	可逆性	具有热可逆性，加热至熔点以上凝胶熔化，冷却至凝固点以下又可重新凝固		

需要注意的是，三种卡拉胶溶液在酸性条件下（尤其在pH值为4以下）均不稳定，加热加速水解。因此，生产上常在灌装前加酸。另外，虽然卡拉胶凝胶具有热可逆性，但重新凝固的凝胶的强度降低，泌水（析水）增多。因此，生产上应趁热灌装并尽快杀菌。

三、果冻加工工艺

1. 工艺流程

配料→溶胶→煮胶→过滤→调配→灌装→封口→杀菌→冷却→干燥→包装。

2. 操作要点

（1）配料

果冻粉或卡拉胶粉0.8%～1%，白砂糖15%，蛋白糖（60倍）0.1%，柠檬酸0.2%，乳酸钙0.10%，香精适量，色素适量。

（2）溶胶

将果冻粉、白砂糖和蛋白糖按比例混合均匀，在搅拌条件下将上述混合物慢慢地倒入冷水中，然后不断进行搅拌，使胶基本溶解，也可静置一段时间，使胶充分吸水溶胀。

(3) 煮胶

将胶液边加热边搅拌至煮沸，使胶完全溶解，并在微沸的状况下维持 8 ~ 10 min，然后除去表面泡沫。

(4) 过滤

趁热用消毒的100目不锈钢过滤网过滤，以除去杂质和一些不能存在的胶粒，得料液备用。

(5) 调配

当料液温度降至70℃左右，在搅拌下先加入事先溶好的柠檬酸、乳酸钙溶液，并调pH值为3.5 ~ 4.0，再根据需要加入适量的香精和色素，以进行调香和调色。

(6) 灌装、封口

调配好的胶液，应立即灌装到经消毒的容器中并及时封口，不能停留。在没有实现机械化自动灌装的工厂，不要一次把混合液加进去，否则不等灌装完就会凝固。在灌装前包装盒要先消毒，灌好后立即加盖封口。

(7) 杀菌、冷却

由于果冻灌装温度过低（低于80℃），所以灌装后还要进行巴氏杀菌。封口后的果冻，由输送带送至温度为85℃的热水中浸泡杀菌10 min，杀菌后的果冻立即冷却降温至40℃左右，以便能最大限度地保持食品的色泽和风味。冷却的方法可以用干净的冷水喷淋或浸泡。

(8) 干燥

用50 ~ 60℃的热风干燥，以便使果冻杯（盒）外表的水分蒸发掉，避免在包装袋中产生水蒸气，防止产品在储藏销售过程中长霉。

(9) 包装

检验合格的果冻，经包装后即为成品。

四、果酱加工工艺

1. 工艺流程

原料选择与处理→调配→加热浓缩→罐装密封→杀菌冷却。

2. 操作要点

(1) 原料选择与处理

1) 原料选择。生产果酱产品的原料要求是含果胶丰富，糖、酸量多，芳香味浓，成熟度适宜以及柔软多汁、易于破碎的品种。原料一般在充分成熟时采收，成熟度过低的原料，风味及色泽差；成熟度过高的原料，其果胶及酸含量会降低。

2) 原料处理。需要剔除霉烂、成熟度过低等不合格的原料，按不同种类的产品要求，分别经过清洗、去皮（或不去皮）、去核（心）、适当切分，去皮切分后易变色的果实，必须及时浸入食盐水或柠檬酸溶液中护色。肉质坚硬的可先进行预煮处理。预煮后打浆筛滤，除去果皮、种子及心等。

(2) 调配

1) 配方。按原料种类及制品质量标准确定。一般果肉占总配料量的40% ~ 50%，白砂糖占总配料量的45%～60%（其中允许使用淀粉糖浆不超过总糖量的20%），成品总酸量为0.5%～1.0%，成品果胶（或增稠剂）含量为0.4%～0.9%。

2）配料准备。果酱配料中所用的白砂糖、柠檬酸、果胶或琼脂等，均应事先配成溶液过滤备用。砂糖一般配成70%～75%的浓溶液；柠檬酸配成50%的溶液；果胶粉按果胶粉重加入2～4倍砂糖，充分混合均匀，再按粉重加水10～15倍，加热溶解；琼脂先用50℃左右的温水浸泡软化，洗净除杂，加水量为琼脂量的20倍加热溶解过滤。

3）投料顺序。果浆先加热10～20 min，然后分次加入浓糖液，临近终点时，依次加入果胶液、琼脂液、柠檬酸液或淀粉糖浆，充分搅拌均匀。

（3）加热浓缩

加热浓缩是果蔬原料及糖液中水分蒸发的过程，浓缩方法有常压浓缩和减压浓缩。

1）常压浓缩。将果浆置于夹层锅内用蒸汽加热浓缩，浓缩过程中注意搅拌，开始时加热蒸汽压力为0.3～0.4 MPa，至浓缩后期，蒸汽压力应降至0.2 MPa。浓缩时间不宜过长或过短，过长会直接影响果酱的色、香、味和胶凝力；过短易引起含酸量低的果酱因转化糖不足而在储藏期间产生蔗糖结晶现象。因此，应控制每锅的浓缩量，浓缩时间以30～60 min为宜。

2）减压浓缩。原料在真空条件下加热蒸发一部分水分，提高可溶性固形物浓度，达到浓缩。具体操作为先通入蒸汽，赶出锅内空气，再开动离心泵，使锅内形成真空，当真空度达0.5 MPa以上时，开启进料阀，待浓缩的物料靠锅内的真空吸力吸入锅中，达到容量要求后，开启蒸汽阀门和搅拌器进行浓缩。加热蒸汽压力保持在0.098～0.147 MPa时，锅内真空度为0.087～0.096 MPa，温度为50～60℃。

浓缩过程中若泡沫上升剧烈，可开启锅内的空气阀，使空气进入锅内抑制泡沫上升，待正常后再关闭。浓缩时应保持物料超过加热面，防止焦锅。当浓缩接近终点时，关闭真空泵开关，解除锅内真空，在搅拌下将果酱加热升温至90～95℃，然后迅速关闭进气阀出锅。

浓缩终点的判定除依经验外，一般采用折光计测定。浓缩至可溶性固形物达60%～65%时，加入果胶（先加入果胶量几倍的白砂糖拌匀后再加15倍果胶量的水加热溶解），继续浓缩至65%以上时，出锅迅速装罐。

根据新鲜果浆及砂糖等配料的含量可计算出浓缩终了的成品量。公式如下：

$$W = (K_1 \times A + B_1 + B_2 + B_3)/K_2$$

式中　W——成品量，kg；

A——果肉（浆），kg；

B_1——白砂糖量，kg；

B_2——柠檬酸量，kg；

B_3——果胶及其他增稠剂总量，kg；

K_1——果肉（浆）可溶性固形物含量；

K_2——成品可溶性固形物含量。

(4) 罐装密封

果酱类制品含酸量高，大多采用玻璃瓶或抗酸涂料马口铁罐为包装容器，容器使用前必须彻底刷洗干净，用95～100℃热水或蒸汽消毒3～5 min，倒罐沥水。装罐时保持罐温在40℃以上。果酱出锅后，必须迅速装罐，要求每锅酱自出锅到分装完毕不超过30 min，最好不超过20 min，酱体温度不低于85℃。密封后迅速杀菌冷却。

(5) 杀菌冷却

果酱在浓缩过程中，大部分微生物已被杀灭，加上高糖高酸对微生物也有很强的抑制作用，一般装罐密封后残留在果酱中的微生物是不易繁殖的。若在工艺卫生条件好的生产车间，可在封罐后倒置罐体数分钟，利用酱体的余热进行罐盖消毒，然后直接入库。这样即使不杀菌，产品也可保存较长时间。

如果装罐时无法保证灌装环境的空气洁净度，同时无法保持果酱的温度，则需要在封罐后进行杀菌处理。杀菌温度和时间依品种及罐型等而不同，一般在100℃的环境下杀菌5～15 min。

马口铁罐杀菌结束后可迅速用冷水冷却至38℃左右，玻璃罐则需先以50～60℃热水淋洗，再分段以冷水冷却至38℃左右，然后用干布擦去罐体外部的水分及污物，即可入库保存。

任务1　橙汁果冻加工

本任务将完成橙汁果冻的加工，采用卡拉胶或果冻粉和橙汁等原料制作果汁型果冻，关键技术是罐装、密封、杀菌方法及卡拉胶用量的确定。

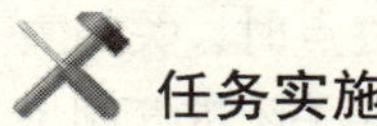

任务实施

一、加工果冻

1. 工艺流程

果冻基本配方→搅拌分散于糖水中→加热溶解→过滤取浆→加果汁或乳液→煮沸杀菌（一次巴杀）→加山梨酸钾溶液→加柠檬酸溶液和香精→灌装→密封→杀菌（二次巴杀）→冷却→吹干→包装。

2. 操作步骤

(1) 果冻基本配方（以1 kg成品计）

果冻粉或卡拉胶8～10 g，橙汁150 mL，白砂糖150 g，柠檬酸2 g，香精适量，山梨酸钾溶液（按需要）。

(2) 搅拌分散于糖水中、加热溶解、过滤取浆、加果汁或乳液（溶胶）

由于卡拉胶在加入水的过程中很容易结团，所以在加入水前应先将少量白糖与卡拉胶混匀，然后边搅拌边加入卡拉胶。若出现结团现象，可以用打浆机搅拌胶液，将胶团打散。将胶液加热至60～80℃，趁热过滤除去杂质，即可制得母液。

(3) 煮沸杀菌（一次巴杀）、加山梨酸钾溶液、加柠檬酸溶液和香精

取一定量的卡拉胶母液，按配方比例加水稀释后煮沸，以杀灭其中的致病菌和一般腐败菌，然后边搅拌边加入山梨酸钾溶液（按需要）、柠檬酸溶液和香精，并趁热输送到灌装机中。

(4) 灌装、密封

按包装量的规格定量灌装，立即封口。目前市场上销售的果冻基本都用塑料杯包装，因此热封时封口一定要严密，而且封口强度必须符合要求，以防止在杀菌和储存过程中出现渗漏。

(5) 杀菌（二次巴杀）

封口后应及时杀菌，防止果冻冷却凝结，影响杀菌效果和产品质量（果冻凝结加热熔化后再次凝结时，会析出较多的水）。由于果冻是酸性食品，所以采用常压杀菌。杀菌条件因包装容器的大小不同而异，如用净重 80 g 的塑料杯包装的果冻采取 95 ~ 98℃ 的水浴杀菌 10 min。

(6) 冷却、吹干、包装

杀菌结束后立即将产品转入冷水中冷却至 38℃ 左右，再用 50 ~ 60℃ 的热风吹干包装袋外表面的水分，避免在包装袋中产生水蒸气，防止产品在储藏销售过程中长霉，然后装箱。

二、产品质量控制

1. 生产过程质量控制

(1) 溶胶

卡拉胶在水中很容易结团而无法完全溶在水中，因此要严格按照操作规程进行操作。如果卡拉胶结团，则不仅会造成果冻透明度差，而且也会由于胶液浓度低而使果冻硬度不足。

(2) 柠檬酸添加时机

在高温下柠檬酸会分解卡拉胶，因此柠檬酸必须在第一次巴氏杀菌准备结束时才能加入。

(3) 密封

如果用塑料杯包装果冻，果冻液灌装时很容易污染杯口，影响封口的强度和密封性。解决方法是用高压力的封口机，先用高压挤压封口膜和杯沿，将污染的果冻液挤出，然后再加热融合密封。

(4) 生产过程时间控制

卡拉胶加热溶解、冷却凝结。如果灌装后不能及时封口、杀菌，那么果冻液会部分凝结，导致杀菌不足。如果采取延长杀菌时间的措施，会造成成品果冻的凝冻强度不足。因此，一定要保证生产的连续性，不允许有半成品积压现象发生。

2. 终产品质量控制

应按照检验规程对终产品实施抽样检验。成品应符合国家标准《果冻》（GB 19883—2005）的要求，果冻的感官要求应符合表 5—4 的规定，规格要求应符合表 5—5 的规定，理化指标应符合表 5—6 的规定。

表 5—4　　果冻感官要求

项目	要求
色泽	具有品种应有的色泽
风味	具有品种应有的风味，无异味
组织形状	凝胶果冻呈凝胶状，脱离包装容器后，能基本保持原有的形态，组织柔软适中；可吸果冻呈半流体凝胶状，能够用吸管或吸嘴直接吸食，脱离包装容器后，呈不定形状；果冻中添加的果肉或其他食用固体原料应具有正常的组织形态
杂质	无正常视力可见外来杂质

表 5—5　　果冻规格要求

名　称	杯口内径或杯口内侧最大长度/cm	内容物长度/cm	净含量/g
杯形凝胶果冻	≥3.5	—	—
长杯形凝胶果冻	—	≥6.0	—
条形凝胶果冻	—	≥6.0	—
异形凝胶果冻	—	—	≥30

表 5—6　　果冻理化要求

项目		指标				
		果汁型	果味型	果肉型	含乳型	其他型
蛋白质	≥	—	—	—	1.0%	—
可溶性固形物（以折光计）	≥	15.0%				
二氧化硫残留（以 SO_2 计）/（mg/kg）	≤	100				
总砷、铅、铜和微生物的要求		应符合《果冻卫生标准》（GB 19299—2003）的规定（非含乳型果冻，包括果汁型、果味型、果肉型及其他型）				
食品添加剂和食品营养剂的要求		应符合《食品添加剂使用标准》（GB 2760—2011）的规定				

任务 2　菠萝果酱加工

本任务将完成高糖或低糖菠萝果酱的加工，采用新鲜菠萝为原料制作菠萝果酱，关键技术是果酱浓缩过程、罐装、密封、杀菌、冷却。

任务实施

一、高糖及低糖菠萝果酱加工

1. 工艺流程

原料选别→分级→切端、捅心、去皮、刁目→清洗→切分→打浆→调配、加热浓缩→装罐→密封→杀菌冷却。

2. 操作步骤

（1）原料选别、分级

原料要求新鲜，成熟度在8～9成，无病虫害，无机械损伤的菠萝，按果实大小分级。

（2）切端、捅心、去皮、刁目、清洗

切端后按果实大小（果芯大小）捅心，然后去皮、刁目、剔除斑点，再清洗干净。

（3）切分

可适当切成大碎块，方便打浆。

（4）打浆

把处理切分后的菠萝用孔径约为10 mm的打浆机打浆。

（5）调配、加热浓缩

调配的配方为：菠萝果肉62 kg，砂糖40 kg（低糖菠萝酱）或50 kg（高糖菠萝酱），果胶（HM－150）0.3 kg。

按配方要求在果浆中加入浓糖液（先把糖配制成75%的糖液），然后加热浓缩。

加热浓缩采用常压浓缩，不断搅拌，浓缩至可溶性固形物达40%～45%（低糖菠萝酱）或60%～65%（高糖菠萝酱）时，加入果胶（先加入果胶量几倍的白砂糖拌匀后再加15倍果胶量的水加热溶解），继续浓缩至可溶性固形物达58%（低糖菠萝酱）或65%以上（高糖菠萝酱）时，加入香精，搅拌均匀，出锅迅速装罐。

（6）装罐、密封

清洗后的玻璃罐装酱时保持罐温在40℃以上。果酱出锅后，必须迅速装罐，要求每锅酱自出锅到分装完毕不超过30 min，酱体温度不低于85℃。密封后迅速杀菌冷却。

（7）杀菌冷却

用沸水杀菌，净重340 g的玻璃罐在沸水中加热10 min。冷却时玻璃罐先用50～60℃热水淋洗，再分段以冷水冷却至38℃左右。

二、产品质量控制

1. 生产过程质量控制

浓缩过程中要注意搅拌，防止锅底果酱焦化；同时注意添加果胶和香精的时机。装罐要趁热进行，注意不要让果酱污染瓶口，控制好净重。装罐后马上封口，参照罐头生产要求检查封口情况。封口后应及时杀菌，要确保杀菌的温度和时间符合规定要求。玻璃瓶冷却要注意分段冷却，防止玻璃瓶爆裂。

2. 终产品质量控制

应按照检验规程对终产品实施抽样检验。产品质量应符合表5—7、表5—8和表5—9的要求。

表5—7　　菠萝果酱感官要求

项目	优质品	一级品	合格品
色泽	酱体呈金黄色或黄褐色，有光泽，均匀一致	酱体呈黄色或黄褐色，稍有光泽，较均匀一致	酱体呈黄褐色，尚均匀一致
滋味气味	具有菠萝酱罐头应有的良好滋味及气味，菠萝味浓，酸甜适口，无焦煳味及其他异味	具有菠萝酱罐头应有的较好滋味及气味，酸甜适口，无焦煳味及其他异味	具有菠萝酱罐头应有的滋味及气味，允许有轻微焦煳味，无异味
组织形态	酱体呈软胶凝状，有适量细碎果肉粒，无果目、果心硬块、糖的结晶和汁液析出，允许徐徐流散	酱体呈软胶凝状，有适量细碎果肉粒，无果目、果心硬块、糖的结晶，允许徐徐流散和轻微汁液析出	酱体呈软胶凝状，有适量细碎果肉粒，无果目和糖的结晶，允许少量果心存在，允许徐徐流散和少量汁液析出

注：引自《菠萝酱罐头》(QB 1387—1991)。

表5—8　　菠萝果酱理化指标

项目		低糖果酱指标	高糖果酱指标
可溶性固形物（以20℃折光计）		40～45	≥65
总糖/（g/100 g）	≥	37	57
总砷（以As计）/（mg/kg）	≤	0.5	
铅（Pb）/（mg/kg）	≤	1.0	
锡（Sn）/（mg/kg）	≤	250*	

①总砷、铅、锡的指标参照《果、蔬罐头卫生标准》(GB 11671—2003)。

②*仅限于马口铁罐。

注：参照《果酱》(GB/T 22474—2008) 和《菠萝酱罐头》(QB 1387—1991)。

表5—9　　菠萝果酱微生物指标

项目	果酱罐头指标	酸乳类用果酱指标	冷冻饮品类用果酱指标	烘焙类用果酱指标	佐餐类果酱指标	其他果酱指标
菌落总数/（cfu/g）	符合罐头食品商业无菌要求	10 000	10 000	1 500	1 500	1 500
大肠菌群/（cfu/100 g）		300	300	30	30	30
霉菌计数/（cfu/g）		150	150	100	100	100
致病菌（沙门氏菌、志贺氏菌、金黄色葡萄球菌）		不得检出				

注：参照《果酱》(GB/T 22474—2008)。

任务3　番茄酱加工

本任务将完成番茄酱的加工。本任务采用新鲜番茄作为原料加糖制作番茄酱，关键技术是加糖浓缩煮制、装罐、密封和杀菌。

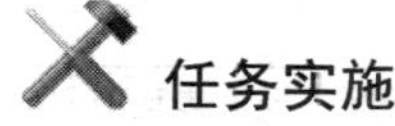

任务实施

一、番茄酱加工

1. 工艺流程

原料选别→去皮→切分→打浆→加糖浓缩煮制→装罐→密封→杀菌→冷却。

2. 操作规程

（1）原料选别

选用成熟度在8～9成充分成熟的鲜果，摘除果梗、杂质与霉烂果。

（2）去皮、切分

用95～100℃热水烫1 min，用冷水冷却去皮，并对去皮的原料进行切分。

（3）打浆

用打浆机打浆或用破碎机破碎。

（4）加糖浓缩煮制

加入酱重80%的白砂糖加热浓缩，最后加入酱重0.4%的果胶或琼脂液（先溶解），继续浓缩，加入香精，搅拌均匀，出锅。

（5）装罐、密封

容器使用前必须彻底刷洗干净，然后以95～100℃水或蒸汽消毒3～5 min，倒罐沥水；装酱时保持玻璃罐温度在40℃以上。

果酱出锅后在85℃以上时及时装罐，要求每锅酱自出锅到分装完毕不超过30 min，密封后迅速杀菌冷却。

（6）杀菌、冷却

使用沸水或蒸汽杀菌。杀菌温度和时间依品种及罐型等的不同而不同，详见项目八。

铁罐杀菌后迅速冷却罐温至38℃左右。玻璃罐则需先以50～60℃热水淋洗，再分段以冷水冷却至38℃左右。

二、产品质量控制

1. 生产过程质量控制

参见菠萝酱加工的要求。

2. 终产品质量控制

应按照检验规程对终产品实施抽样检验。满足国家标准《番茄酱罐头》（GB/T 14215—2008）的规定，番茄酱的感官要求应符合表5—10的规定，理化指标应符合表5—11的规定，产品的锡、总砷、铅的限量应符合《果、蔬罐头卫生标准》（GB 11671—2003）的规定，微生物指标应符合表5—12的规定。

表5—10 番茄酱感官要求

项目	优级品	一级品
色泽	同一包装中酱体呈一致的深红色或红色；允许酱体表面有轻微褐色	同一包装中酱体呈一致的红色或橙红色；允许酱体表面有轻微褐色
滋味气味	具有番茄酱罐头应有的滋味、气味，无异味	
组织形态	酱体均匀一致，黏稠适度	酱体均匀一致，黏稠较适度，允许表面有轻微析水

表5—11 番茄酱理化指标

项目		优级品	一级品
净含量		应符合国家质检总局〔2005〕第75号令《定量包装商品计量监督管理办法》的相关规定	
黏稠度/（cm/30 s）		≤15	
色差值		$L \geqslant 22.5$，$a/b \geqslant 2.0$	$L \geqslant 21$，$a/b \geqslant 1.8$
pH值		≤4.6	
可溶性固形物含量	低浓度	12.5%～22%（不包含22%）	
	中浓度	22%～28%（不包含28%）	
	高浓度	28%～36%（不包含36%）	
	特高浓度	≥36	
番茄红素含量（质量分数）/（mg/100 g）	低浓度	≥18	≥13
	中浓度	≥30	≥18
	高浓度	≥40	≥22
	特高浓度	≥55	≥30

注：L为明度指数，a、b为色品指数。

表5—12 番茄酱微生物指标

项目	要求
微生物	符合罐头食品商业无菌要求
霉菌计数（视野）	≤50%

~思考与练习~

1. 果冻加工中应注意哪些问题？
2. 果酱生产中为什么有的要添加果胶，有的则不需要呢？
3. 果酱中允许添加防腐剂吗？
4. 简述果胶和卡拉胶的凝胶原理。

项目六　酱腌菜加工技术

学习目标

1. 了解酱腌菜制品的概念。
2. 掌握蔬菜腌制的基本原理。
3. 掌握典型酱腌菜的生产工艺流程。

项目基础知识

一、酱腌菜概述

酱腌菜习惯上也称蔬菜腌制品，是以新鲜蔬菜为主要原料（包括部分海藻和坚果仁），采用不同腌渍工艺制作而成的各种蔬菜制品的总称。

按工艺及辅料不同，酱腌菜可分为酱渍菜、酱油渍菜等11大类，见表6—1。

表6—1　　**酱腌菜分类**

序号	分类	定义	代表产品
1	酱渍菜	蔬菜咸坯经酱渍而成的制品	
(1)	酱曲醅菜	蔬菜咸坯经甜酱曲醅制而成的制品	南通酱瓜、山西酱玉瓜、潼关酱笋
(2)	甜酱渍菜	蔬菜咸坯经脱盐脱水后，再经甜酱酱渍而成的制品	扬州酱菜、镇江酱菜
(3)	黄酱渍菜	蔬菜咸坯经脱盐脱水后，再经黄酱酱渍而成的制品	北方的酱黄瓜、酱萝卜
(4)	甜酱、黄酱渍菜	蔬菜咸坯经脱盐脱水后，再经甜酱、黄酱酱渍而成的制品	酱什锦菜、五香大头菜
(5)	甜酱、酱油渍菜	蔬菜咸坯经脱盐脱水后，再经甜酱和酱油混合酱渍而成的制品	酱土姜、酱胡萝卜
(6)	黄酱、酱油渍菜	蔬菜咸坯经脱盐脱水后，再经黄酱和酱油混合酱渍而成的制品	酱菜瓜

续表

序号	分类	定义	代表产品
(7)	酱汁渍菜	蔬菜咸坯经脱盐脱水后，再用甜酱汁或黄酱汁浸渍而成的制品	酱三丁、酱八宝菜
2	糖、醋渍菜	蔬菜咸坯经脱盐脱水后，再用糖渍、醋渍或糖醋渍制作而成的制品	
(1)	糖渍菜	蔬菜咸坯经脱盐脱水后，再用糖渍或先糖渍后蜜渍制作而成的制品	白糖蒜、蜂蜜蒜米
(2)	醋渍菜	蔬菜咸坯经脱盐脱水后，再用食醋浸渍制作而成的制品	酸藠头
(3)	糖醋渍菜	蔬菜咸坯经脱盐脱水后，再用糖醋液浸渍制作而成的制品	甜酸藠头、糖醋萝卜
3	酱油渍菜	蔬菜咸坯经脱盐脱水后，用酱油与调味料、香辛料混合浸渍而成的制品	五香大头菜、榨菜萝卜、辣油萝卜丝、酱海带丝
4	虾油渍菜	新鲜蔬菜先经盐渍或不经盐渍，再用新鲜虾油浸渍而成的制品	锦州虾油小菜、虾油小黄瓜、虾油芹菜
5	糟渍菜	蔬菜咸坯用酒糟或醪糟糟渍而成的制品	
(1)	酒糟渍菜	蔬菜咸坯用新鲜酒糟与白酒、食盐、助鲜剂及香辛料混合糟渍而成的制品	糟瓜、独山盐酸菜
(2)	醪糟渍菜	蔬菜咸坯用醪糟与调味料及香辛料混合糟渍而成的制品	福建糟瓜
6	糠渍菜	蔬菜咸坯用稻糠或粟糠与调味料、香辛料混合糠渍而成的制品	米糠萝卜
7	清水渍菜	以叶菜为原料，用清水熟渍或生渍，经乳酸发酵而成的制品	东北酸白菜、酸甘蓝
8	盐水渍菜	以新鲜蔬菜为原料，用盐水及香辛料混合生渍或熟渍而成的制品	泡菜、酸黄瓜、盐水笋
9	盐渍菜	以新鲜蔬菜为原料，用食盐腌渍而成的湿态、半干态、干态制品	咸雪里蕻、咸大头菜、榨菜、萝卜干、京冬菜、霉干菜
10	菜脯	以蔬菜为原料，采用果脯工艺制作而成的制品	糖冰姜、藕脯
11	菜酱	以蔬菜为原料，盐渍或不盐渍，加入调味料、香辛料制成的糊状制品	韭花酱、辣椒酱、胡萝卜酱

二、蔬菜腌渍的原理

蔬菜腌渍的原理主要是利用食盐的高渗透作用、微生物的发酵作用、蛋白质的分解作用以及其他一系列的生物化学作用，抑制有害微生物的活动和增加产品的色香味。

1. 食盐的防腐作用

（1）高浓度的食盐含量可以提高原料的渗透压。

（2）高浓度的食盐含量可以降低制品的水分活度。

（3）高浓度的食盐含量具有抗氧化作用。

2. 微生物的发酵作用

在蔬菜腌渍的过程中，由微生物引起的正常发酵作用，不但能抑制有害微生物的活动而起到防腐作用，还能使制品产生酸味和香味。这些发酵作用以乳酸发酵为主，辅以轻度的酒精发酵和醋酸发酵，相应地生成乳酸、酒精和醋酸。

（1）乳酸发酵

乳酸发酵是指糖经无氧酵解而生成乳酸的发酵。由于菌种不同，代谢途径不同，乳酸发酵生成的产物也有所不同。

（2）酒精发酵

酒精发酵是指在无氧条件下，微生物（如酵母菌）分解葡萄糖等有机物，产生酒精、二氧化碳等不彻底氧化产物，同时释放出少量能量的过程。酒精发酵形成的乙醇对于腌制品后熟期中发生酯化反应生成芳香物质是很重要的。

（3）醋酸发酵

醋酸发酵是指乙醇在醋酸菌的作用下氧化成醋酸的过程。极少量的醋酸对成品质量影响不大，但大量醋酸会影响产品质量。

3. 蛋白质的分解作用

在腌制和后熟期中，蔬菜所含的蛋白质受微生物的作用和本身所含的蛋白质水解酶的作用而逐渐被分解为氨基酸，氨基酸本身就具有一定的鲜味和甜味，氨基酸还可以进一步与其他化合物起作用，形成更为复杂的产物，蔬菜腌制品的色素、香气和鲜味的形成都与氨基酸有关。所以，这些变化在蔬菜腌制和后熟中是十分重要的，是腌制品色、香、味的主要来源，但其变化是缓慢而复杂的。另外，咸菜装坛后，在其发酵后熟的过程中，叶绿素消退后也会逐渐变成黄褐色或黑褐色。

4. 影响腌制效果的因素

（1）食盐

食盐在腌制过程中主要起保藏作用，高盐会抑制微生物生长，而低盐则利于乳酸发酵。食盐在各类腌制品中的含量为泡酸菜 0 ~ 4%、咸菜类 10% ~ 14%、酱渍菜 8% ~ 14%、糖醋菜 1% ~ 3%、盐渍菜 25%。

（2）原料组成

原料组成主要决定着制品的特征，如脆性和色、香、味等。蛋白质含量高的原料腌制的产品的脆性和鲜味都好；组织致密和水分含量低的原料腌制的产品不容易变软。

(3) 空气或氧气

空气或氧气主要决定微生物作用的类型及有益与否，同时对组织中的还原类物质，如维生素C保存不利。厌氧条件有利于乳酸发酵，可有效控制有害微生物的影响。

(4) 温度

蔬菜腌制的最适温度为20~32℃，为抑制腐败微生物生长，通常在12~22℃下发酵。

三、蔬菜咸坯加工技术

虽然酱腌菜种类较多，但大多数品种都要经过食盐腌制成咸坯后，再进行脱盐、脱水、渍制（酱渍、醋渍、糖渍等）等工艺过程。因此，这里重点介绍蔬菜咸坯的加工技术。

1. 盐腌（渍）

蔬菜咸坯加工中，食盐腌制方法分为干腌法和湿腌法两种。

干腌法又称盐腌法，是将新鲜蔬菜直接用食盐腌制成咸坯的方法。用盐量按蔬菜具体品种而定，一般来说，随产随销的盐腌菜每100 kg用盐6~8 kg，需长期储存的盐渍菜每100 kg用盐16~18 kg。盐可一次加入，也可分两次或三次加入。

湿腌法又称盐渍法，是将蔬菜放在一定浓度的盐水中浸泡，定时将咸卤放出，补盐至最初浓度，再淋浇在菜面上的腌制方法。湿腌法在腌制过程需重复上述步骤，直到咸坯含盐量达到要求为止。

2. 转缸（池）翻菜

在蔬菜腌制过程中必须进行翻菜，以促使食盐迅速溶解，使食盐均匀地接触菜体，使上下菜腌制均匀，并尽快散发腌制过程中产生的不良气味，增加腌制品的风味，缩短腌制时间。方法是将蔬菜、菜卤和未溶食盐，从甲容器转入乙容器，使上下菜位置互换。

3. 并缸（池）

蔬菜经盐腌制后，部分水分和可溶性固形物渗出，体积缩小。将缩小体积的咸坯半成品并在一个缸（池）中，称为并缸或并池。

4. 咸坯的压缸（池）封存

咸坯的保存方法有两种，即盐水封存法和盐泥封存法。

盐水封存法是将咸坯置于空容器中，分层放入，分层踩紧，装至九成满后，盖上竹席，席上按井字形排列竹片，再压上石块，最后注入18~23°Bé的盐水，盐水面高出竹席面8~18 cm。

盐泥封存法是将咸坯置于空容器中，分层放入，分层踩紧，装至九成满后，盖上聚乙烯塑料薄膜，再用盐泥封面，盐泥厚度为10~15 cm，含盐量在8%以上，盐泥层的一角留出直径10 cm左右的口以供排气。

任务1 泡菜加工

本任务将完成传统中式泡菜的加工。中式泡菜加工的关键环节是泡菜水的配制和入坛发酵过程。

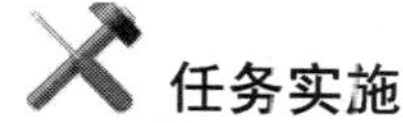

任务实施

一、加工泡菜

1. 工艺流程

原料选择→原料预处理→入坛发酵→判断泡菜的成熟期限→包装。

2. 操作规程

(1) 原料选择

选用质地细嫩紧密，纤维质少的蔬菜，如胡萝卜、榔菜等。

(2) 原料预处理

1) 洗涤。蔬菜直接来源于土壤，带菌量高，洗涤可以除去其表面的泥沙、尘土、微生物及残留农药。在洗涤时要用符合卫生标准的流动清水。为了除去农药，在可能的情况下，还可在洗涤水中加入1%的盐水先浸泡10 min左右。

2) 整理。凡不适用的部分，如粗皮、粗筋、须根、老叶以及表皮上的黑斑烂点，均应一一剔除干净。对蔬菜一般不进行切分，但体形过大者仍应适当切分成小块。

3) 预泡。将原料用20% ~25%的食盐溶液预泡一定时间后，再取出沥干明水，加入泡菜液进行预泡。预泡时间因原料而异，一般来说，辛香类蔬菜如蒜等可预泡1 ~2周，根菜类预泡1 ~2天，叶菜类预泡1 ~12 h。

4) 泡菜水的配制。井水和泉水是含矿物质较多的硬水，用以配制泡菜盐水，效果较好，其可保持泡菜成品的脆度。自来水中硬度较大者也可使用，经处理后的软水则不宜用来配制泡菜盐水。为了增强泡菜的脆性，有时在配制泡菜盐水时酌加少量的钙盐，如按0.05%的比例加入氯化钙。

(3) 入坛发酵（泡制）

泡菜坛子用前洗涤干净，沥干后即可将准备就绪的蔬菜原料装入坛内。装至半坛时可将香料包放入，再装原料至距坛口7 cm左右时为止。用竹片等将原料卡住或压住，以免原料浮于盐水之上。随即注入所配制的泡菜盐水，务必使盐水能将蔬菜浸没。将坛口小碟盖上后即将坛盖钵覆盖。在水槽中加入清水，如此便形成了水封口，于阴凉处任其自然发酵。1 ~2天后由于食盐的渗透压作用坛内原料的体积缩小，盐水下落，此时宜再适当添加原料和盐水，务必使之装满至坛口4 cm左右时为止。

(4) 判断泡菜的成熟期限

泡菜的成熟期随所泡蔬菜的种类及当时的气温而异。一般新配的盐水在夏天泡制需5 ~7天即可成熟，冬天则需12 ~16天才可成熟。叶菜类，如甘蓝需时较短，根菜类和茎菜类则需较长时间。

(5) 包装

根据销售需要，用聚乙烯薄膜袋包装或用瓦坛包装。

二、产品质量控制

1. 生产过程质量控制

在腌制过程中，常出现以下问题，会降低制品品质，要严格控制。

(1) 丁酸发酵控制

这种发酵由丁酸菌引起，这种菌为专嫌气性细菌，寄居于空气不流通的污水沟及腐败原料中，可将糖和乳酸发酵生成丁酸、二氧化碳和氢气，可使制品产生强烈的不愉快气味，又消耗糖和乳酸。

解决方法：保持原料和容器的清洁卫生，防止带入污物，原料压紧压实。

(2) 细菌腐败的控制

腐败菌分解原料中的蛋白质及其含氮物质，产生吲哚、硫化氢和胺等恶臭物质。此种菌只能在6%以下的食盐浓度中活动，菌源主要来自于土壤。

解决方法：保持原料的清洁卫生，减少病源。可加入6%以上食盐加以抑制。

(3) 有害酵母的控制

有害酵母在腌制品的表面会生长一层灰白色、有皱纹的膜，称为“生花”；另外，有害酵母会分解氨基酸生成高级醇，并放出臭气。

解决方法：这两种分解作用都是酵母活动的结果，采用隔绝空气和加入3%以上的食盐、加入大蒜等可以抑制此种发酵。

(4) 起旋、生霉、腐败的控制

腌制品若较长时间暴露在空气中，好氧微生物就得以活动滋生，使产品起旋，并长出各种颜色的霉。如绿、黑、白等色的霉是由青霉、黑霉、曲霉、根霉等引起的。这类微生物多为好气性，耐盐能力强，在腌制品表面或菜坛上部生长，能分解糖、乳酸使产品品质下降。

解决方法：使原料淹没在卤水中，防止接触空气，使此菌不能生长。

2. 终产品质量控制

应按照检验规程对终产品实施抽样检验。产品的质量要求见表6—2。

表6—2　泡菜加工质量要求

项目		要求	
感官品评指标	色泽	正常、新鲜、有光泽，无菜屑、杂质及异物，无油水分离现象，汤汁清亮，无霉花浮膜	
	形态	规格大小均匀、一致	
	香气	具有本产品固有的香气（如菜香），或具有发酵型香气及辅料添加后的复合香气（如酱香、酯香等），无不良气味及其他异香	
	质地	质地脆嫩	
	滋味	滋味鲜美，酸甜咸味适宜，无过酸过咸过甜味，无苦味及涩味、焦煳味	
理化指标	总砷（以As计）	≤0.5 mg/kg	
	铅（Pb）	≤1 mg/kg	
	亚硝酸盐	≤20 mg/kg	
微生物指标	大肠菌群	散装	≤90 MPN/100 g
		瓶（袋）装	≤30 MPN/100 g
	致病菌	不得检出	

任务 2　涪陵榨菜加工

本任务将完成涪陵榨菜的加工。涪陵榨菜加工的关键环节是搭架晾晒、腌制、配料装坛和存放后熟。

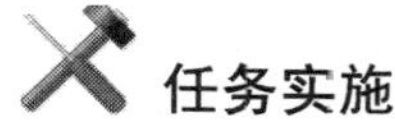

任务实施

一、加工榨菜

1. 工艺流程

原料选别→洗涤→整理→搭架晾晒→初腌→复腌→修剪整形→淘洗上榨→配料装坛→存放后熟。

2. 操作规程

(1) 原料选别

选用组织细嫩致密、皮薄纤维少、突起瘤状物圆顿、凹沟浅小、圆球形或椭圆形的原料。

(2) 洗涤

茎瘤芥直接来源于土壤，带菌量高，洗涤可以除去其表面泥沙、尘土、微生物及残留农药。在洗涤时要用符合卫生标准的流动清水。

(3) 整理

凡不适用的部分，如粗皮、粗筋、须根、老叶以及表皮上的黑斑烂点，均应一一剔除干净。

(4) 搭架晾晒

选择地势平坦、宽敞，风向、风力好的地块，搭成 X 形菜架，切面向外、稠密一致，晾晒一周。

(5) 初腌

将下架菜放入长宽深为 4 m×4 m×2.3 m 的菜池中，每 100 kg 菜块用盐 5～6 kg，分层下菜加盐，每层菜厚度不超过 20 cm，菜块装至齐地面覆盖 10% 食盐，压紧石块，经 72 h 起池，利用卤水边淘洗边上囤，上囤 24 h 即得半熟菜块。

(6) 复腌

每 100 kg 菜块用盐 7 kg，均匀撒布菜块，用力压紧，早晚踏紧一次，经 168 h 起池，上囤 24 h 即得毛熟菜块。

(7) 修剪整形

修去废皮、抽出老筋，剪去耳朵，去净黑斑、烂点，每只 85 g 为特级，60 g 为甲级，30 g 为乙级，30 g 以下为小块菜，各级别的菜分别堆放。

(8) 淘洗上榨

将修剪整形的菜块按级分别在澄清的咸卤水中淘洗，淘洗后再上囤一次，经 24 h 沥干菜块上的水分。忌用变质的咸卤水和生水淘洗。

(9) 配料装坛

按100 kg淘洗上囤后的菜块分级用盐。甲级以上6 kg，乙级5 kg，小块菜4 kg，辣椒末1 kg、花椒0.03 kg、混合香料末0.12 kg（八角45%、白芷3%、山柰15%、肉桂8%、干姜15%、甘草5%、砂仁4%、白胡椒5%）分五层装坛，第一层10 kg，第二层12.5 kg，第三层7.5 kg，第四层5 kg，第五层1.5 kg，层层压紧，装至坛口2 cm方盖面红盐（100 g食盐加辣椒面2.5 kg）50 g，用晒干的榨菜叶塞紧坛口，入库后熟发酵。

(10) 存放后熟

后熟期为2个月，装坛后放在阴凉干燥的地方后熟，隔1个月进行敞口清理检查（清口），清口2~3次后用水泥封口，留1个小孔。

生产过程中尤其要注意检查搭架晾晒、初腌、复腌、修剪整形、淘洗上榨、配料装坛、存放后熟这几个工序，发现问题应及时处理。

二、产品质量控制

1. 生产过程质量控制

(1) 霉口现象的控制

榨菜入坛腌制后，坛内榨菜出水收缩而自然下沉，致使坛口的菜叶与坛口分离，空气即可进入，导致坛口表面的榨菜生长霉菌，称为霉口。生产中应注意检查，发现榨菜下沉应及时添加新榨菜装满坛子，再用坛口菜把坛口扎紧。

(2) 酸败现象的控制

装坛后熟的榨菜有时候会变酸且无鲜味和香气，这是由于菜块水分含量太高、加盐量不足，以致产酸菌大量繁殖造成的。因此，要控制好晾晒的时间，保证下架的菜块水分含量符合要求，同时要控制好食盐的用量。

2. 终产品质量控制

应按照检验规程对终产品实施抽样检验。产品的质量要求见表6—3。

表6—3　榨菜加工质量要求

项目		要求
感官品评指标	色泽	正常、新鲜、有光泽
	形态	按不同等级要求
	香气	具有发酵型香气及辅料添加后的复合香气（如酱香、酯香等），无不良气味及其他异香
	质地	质地脆嫩
	滋味	滋味鲜美，酸甜咸味适宜，无过酸过咸过甜味，无苦味及涩味、焦煳味
理化指标	总砷（As）	≤0.5 mg/kg
	铅（Pb）	≤1 mg/kg
	亚硝酸盐	≤20 mg/kg

续表

项目			要求
微生物指标	大肠菌群	散装	≤90 MPN/100 g
		瓶（袋）装	≤30 MPN/100 g
	致病菌	不得检出	

任务3　酱什锦菜加工

本任务将完成酱什锦菜的加工。酱什锦菜加工的关键环节是盐渍和酱渍。

任务实施

一、加工酱什锦菜

1. 工艺流程

原辅料验收→原料盐渍→切制造型→脱盐→脱水→酱渍。

2. 操作规程

（1）原辅料验收

1）黄瓜。选择色绿、皮薄、肉厚、籽少、质地脆嫩的乳黄瓜。每千克28～34条。

2）萝卜。选择组织致密，质地脆嫩、无空心、无黑疤的圆萝卜。每千克30个左右。

3）莴苣。新鲜肥嫩、无空心。

4）菜瓜。选择质地艮脆，皮薄肉嫩、膛小籽少，七成熟的牛角菜瓜。每千克2条。

5）生姜。选择质地肥嫩的子姜和孙姜。

6）宝塔菜。肥嫩，具有3个珠子以上。

7）大头菜。质地紧脆。

8）胡萝卜。色泽红艳，表里一致。

9）食盐。应符合《食用盐》（GB 5461—2000）的规定。

10）甜酱。应符合《酱卫生标准》（GB 2718—2003）中稀甜酱的规定。

（2）原料盐渍

1）黄瓜。初腌时每100 kg鲜瓜用盐9 kg，按层瓜层盐、下少上多的方法盐渍，直到缸满。以后每隔8～12 h转缸翻菜一次。每次均将原卤淋浇在菜上。24 h后捞出，压去菜卤。

复腌时每100 kg鲜菜仍用盐9 kg，方法同初腌，每天转缸一次，第四天并缸压紧，灌入补充食盐至浓度为20°Bé的澄清菜卤，储存备用。

2）萝卜。每100 kg鲜萝卜用7～9 kg食盐，按层菜层盐、下少上多的方法盐渍，直到缸满。以后每隔12 h转缸翻菜一次，每次均将菜卤淋浇在菜上。3～8天后捞出晾晒，晒至表皮呈干枣状皱纹，捏之无硬心为止。然后烫卤（用70～80℃的澄清菜卤淋浇在用腌晒法制成的咸坯上，浸泡 6～8 h 使之复水的工艺过程称为烫卤）、装坛，储存备用。

3）莴苣。盐渍前先削去苣皮及苣筋。初腌时每 100 kg 去皮莴苣用盐 9 kg，层菜层盐，下少上多。缸满后，每 12 h 转缸翻菜一次，每次均将原卤淋浇在菜面上。三次后，捞出沥去卤水。

复腌时每 100 kg 鲜菜用盐 10 kg，方法同初腌。缸满后每 12 h 转缸一次，两次后将咸坯并缸压紧，灌满补盐至浓度为 20°Bé 的盐水，储存备用。

4）菜瓜。鲜瓜先用竹针在瓜身及瓜蒂旁扎眼，每隔 3～4 cm 扎一眼，眼不对穿。每 100 kg 菜瓜用盐 9 kg，层菜层盐，下少上多，直到鼓满，以后每天转缸翻菜一次。3 天后捞出，沥去菜卤。然后复腌，每 100 kg 菜瓜用盐 9 kg，方法同初腌，第二天转缸一次，第三天捞出，并缸压紧，灌满补盐至浓度为 22°Bé 盐水，储存备用。

5）生姜。鲜姜掰块，去皮后，每 100 kg 鲜姜用浓度为 20°Bé 的盐水浸泡，每天上下午各搅动一次，压紧。3～4 天，菜卤浓度下降到 15°Bé 以下时，加盐补足到浓度 20°Bé，再浸泡 5 天，捞出并缸压紧：灌入浓度为 20～22°Bé 的澄清盐卤，储存备用。

6）宝塔菜。洗涤干净，拣出杂草，摘除须根，用浓度为 20°Bé 的盐水浸泡，每天搅动一次，7 天后捞出转缸，合并压紧，灌满补盐至浓度为 22°Bé，储存备用。

7）大头菜。切去头尾及须根，刨掉表皮，用浓度为 16°Bé 盐水浸泡，每天搅动一次，10 天左右起缸并池，灌满浓度为 22°Bé 的盐卤，储存备用。

8）胡萝卜。洗净，削去头尾，摘除须根，用浓度为 16°Bé 的盐水浸泡。每天搅动一次，5～6 天后捞出并池，灌入补盐至浓度为 20°Bé 的菜卤，储存备用。

（3）切制造型

上述蔬菜咸坯按不同蔬菜原料特点，改制成丁、丝、条、块、片、角等不同形状。

（4）脱盐、脱水

1）漂洗脱盐。将上列切制好的菜坯，倒入清水中进行浸泡脱盐，菜坯与水的比例为 1∶1.5，脱盐时间为 6～8 h。

2）装袋脱水。将脱盐后的菜坯及时装入布袋，每袋 12 kg 左右，堆叠自压脱水，脱水时间为 6～8 h，其间将上下布袋位置互换一次。

（5）酱渍

1）初酱。将脱水后的菜坯放入已用过一次的二酱中进行酱渍。酱渍时应每天翻缸，按袋一次。4～6 天后，取出酱菜袋，堆叠自压脱卤，脱卤时间为 4～6 h，其间将上下布袋位置互换一次。

2）复酱。将压去二酱卤的菜袋浸入新鲜的稀甜酱中进行酱渍，稀甜酱用量与菜坯比例为 1∶1。每天翻缸、按袋一次，冬季 14 天左右、夏季 7 天左右、春秋季 10 天左右即为成品。

二、产品质量控制

1. 生产过程质量控制

（1）原辅料验收

各种蔬菜原料的成熟度一定要符合规定要求，太嫩的原料水分含量高，质地也不够紧密，不仅得率少，而且容易变软；太老的原料质地粗糙，口感差。

甜酱的质量对终产品质量的影响非常大，产品的色泽、香气、滋味等感官质量主要取决于甜酱的质量。因此，一定要严格控制好甜酱的验收。

（2）盐渍

各种原料的盐渍工艺都不完全一样，要严格按照规程规定的食盐用量和盐渍时间、盐渍步骤进行操作。

（3）酱渍

要注意每天翻缸、按袋一次，促使蔬菜每个部位都能够浸泡到甜酱，保证产品均匀一致。

2．终产品质量控制

应按照检验规程对终产品实施抽样检验。产品的质量要求见表 6—4。

表 6—4 **榨菜加工质量要求**

项目		要求	
感官品评指标	色泽	红、黄、黛、翠颜色相间分明，有光泽	
	形态	造型美观，丁、丝、条、块、片、角各种形状搭配齐全	
	香气	有浓郁的酱香，伴有酯香以及蔬菜的清香	
	质地	脆嫩	
	滋味	鲜美、咸甜适口，酱味柔长	
理化指标	总砷（As）	≤0.5 mg/kg	
	铅（Pb）	≤1 mg/kg	
	亚硝酸盐	≤20 mg/kg	
微生物指标	大肠菌群	散装	≤90 MPN/100 g
		瓶（袋）装	≤30 MPN/100 g
	致病菌	不得检出	

酱腌菜好吃但须防亚硝酸盐中毒

酱腌菜是很多人喜爱的食品，但其含有的亚硝酸盐问题近来也受到人们的关注。

酱腌菜中的亚硝酸盐来自于蔬菜中含量较高的硝酸盐。一般果蔬中都含有数量不同的硝酸盐和亚硝酸盐，其中含量最多的是叶菜类。其次是根菜类，再次是果菜类，最少是水果。研究表明，蔬菜腌制过程中，4～8 天亚硝酸盐含量高，9 天以后开始下降，20 天以后基本消失。

为防止亚硝酸盐生成，原料菜一定要新鲜、洗净、适量用盐、翻倒均匀、踩紧压实，使菜处在厌氧环境中，以便于乳酸菌发酵，减少或排除好气腐败菌在菜中繁殖，使亚硝酸盐减少到最低，氨基酸不被分解成胺，就不会合成亚硝胺。

另外，腌菜时加点葱、姜、蒜、辣椒汁、柠檬汁，能降低亚硝酸盐的含量，如蒜汁中的有机硫化物、柠檬汁中的维生素C和其他还原性物质都能够阻断亚硝酸盐合成亚硝胺等致癌物。

酱腌菜中含有膳食纤维和一定量的钙、镁、钾等矿物质，乳酸发酵和醋酸发酵可以产生少量B族维生素，所以少量吃一点腌菜作为开胃食品是可以的。

但是，如果把腌菜作为主菜甚至替代新鲜蔬菜就不妥了。特别是患慢性病的人和儿童，需要食用更多新鲜蔬菜来预防疾病或促进生长，并养成口味清淡的良好膳食习惯，所以不宜多吃酱腌菜。

~思考与练习~

1. 简述蔬菜腌制品的主要种类和特点。
2. 简述食盐的防腐保藏作用。
3. 简述微生物的发酵作用与蔬菜腌制品品质的关系。
4. 分析说明蔬菜腌制品的色、香、味形成机理。
5. 简述蔬菜腌制品保绿、保脆的方法。
6. 泡菜加工常出现哪些质量问题？如何控制？
7. 以当地有特色的蔬菜腌制品为例，简示工艺流程，说明操作要点，并提出综合利用方案。

项目七 果蔬汁加工技术

学习目标

1. 了解果蔬汁的概念和分类。
2. 掌握常见果蔬汁的加工工艺。
3. 掌握橙汁和浓缩苹果汁加工的质量控制要点。

项目基础知识

一、果蔬汁概述

果蔬汁是果汁和蔬菜汁的合称。

1. 饮料通则的果蔬汁分类

《饮料通则》（GB 10789—2007）给出了果蔬汁的分类方法，见表7—1。

表7—1 果蔬汁分类

序号	种类		定义
1	果汁（浆）和蔬菜汁（浆）		采用物理方法，将果蔬加工制成可发酵但未发酵的汁（浆）液；或在浓缩果汁（浆）或浓缩蔬菜汁（浆）中加入果汁（浆）或蔬菜汁（浆）浓缩时失去的等量的水，复原制成的制品。可以使用食糖、酸味剂或食盐，调整果汁、蔬菜汁的风味，但不得同时使用食糖和酸味剂调整果汁的风味
2	浓缩果汁（浆）和浓缩蔬菜汁（浆）		采用物理方法从果汁（浆）或蔬菜汁（浆）中除去一定比例的水分，加水复原后具有果汁（浆）或蔬菜汁（浆）应有特征的制品
3	果汁饮料和蔬菜汁饮料	果汁饮料	在果汁（浆）或浓缩果汁（浆）中加入水、食糖和（或）甜味剂、酸味剂等调制而成的饮料，可加入柑橘类的囊胞（或其他水果经切细的果肉等）等果粒
		蔬菜汁饮料	在蔬菜汁（浆）或浓缩蔬菜汁（浆）中加入水、食糖和（或）甜味剂、酸味剂等调制而成的饮料
4	果汁饮料浓浆和蔬菜汁饮料浓浆		在果汁（浆）和蔬菜汁（浆）或浓缩果汁（浆）和蔬菜汁（浆）中加入水、食糖和（或）甜味剂、酸味剂等调制而成的，稀释后方可饮用的饮料

续表

序号	种类	定义
5	复合果蔬汁（浆）及饮料	含有两种或两种以上的果汁（浆）或蔬菜汁（浆）或果汁（浆）和蔬菜汁（浆）的制品为复合果蔬汁；含有两种或两种以上果汁（浆）、蔬菜汁（浆）或其混合物并加入水、食糖和（或）甜味剂、酸味剂等调制而成的饮料为复合果蔬汁饮料
6	果肉饮料	在果浆或浓缩果浆中加入水、食糖和（或）甜味剂、酸味剂等调制而成的饮料。含有两种或两种以上果浆的果肉饮料称为复合果肉饮料
7	发酵型果蔬汁饮料	水果、蔬菜或果汁（浆）、蔬菜汁（浆）经发酵后制成的汁液中加入水、食糖和（或）甜味剂、食盐等调制而成的饮料
8	水果饮料	在果汁（浆）或浓缩果汁（浆）中加入水、食糖和（或）甜味剂、酸味剂等调制而成，但果汁含量较低的饮料
9	其他果蔬汁饮料	上述8类以外的果汁和蔬菜汁类饮料

各种果蔬汁的基本技术要求应符合表7—2的规定。

表7—2　　果蔬汁基本技术要求

分类	项目	指标或要求
果汁（浆）和蔬菜汁（浆）	具有原水果果汁（浆）和蔬菜汁（浆）的色泽、风味和可溶性固形物含量（为调整风味添加的糖不包括在内）	
浓缩果汁（浆）和浓缩蔬菜汁（浆）	可溶性固形物含量和原果汁（浆）的可溶性固形物含量之比 ≥	2
果汁饮料	果汁（浆）含量（质量分数） ≥	10%
蔬菜汁饮料	蔬菜汁（浆）含量（质量分数） ≥	5%
果汁饮料浓浆和蔬菜汁饮料浓浆	按标签标示的稀释倍数稀释后，其果汁（浆）和蔬菜汁（浆）含量	不低于本表对果汁饮料和蔬菜汁饮料的规定
复合果蔬汁（浆）	应符合调兑时使用的单果汁（浆）和蔬菜汁（浆）含量	
复合果蔬汁饮料	复合果汁饮料中果汁（浆）总含量（质量分数） ≥	10%
	复合蔬菜汁饮料中蔬菜汁（浆）总含量（质量分数） ≥	5%
	复合果蔬汁饮料中果汁（浆）蔬菜汁（浆）总含量（质量分数） ≥	10%
果肉饮料	果浆含量（质量分数） ≥	20%
发酵型果蔬汁饮料	按照有关标准执行	
水果饮料	果汁含量（质量分数）	5%～10%
其他果蔬汁饮料	按照有关标准执行	

2. 根据加工工艺的分类

生产上，根据加工工艺的不同，常将果蔬汁分为澄清果蔬汁和混浊果蔬汁两种。

（1）澄清果蔬汁

澄清果蔬汁也称为透明果蔬汁，外观呈清亮透明的状态。原料经过提取后所得的汁液往往含有一定比例的微细组织及蛋白质、果胶物质等，使汁液混浊不清，放置一段时间后，使其出现分层现象，产生沉淀。经过滤、静置或加澄清剂后，即可得到澄清透明的果蔬汁。这种果蔬汁由于组织微粒、果胶质等部分被除去，虽然制品的稳定性高，但风味、色泽和营养价值已部分损失，故大部分国家均提倡生产混浊果蔬汁。主要的透明果汁为苹果汁和葡萄汁。

（2）混浊果蔬汁

混浊果蔬汁的外观呈混浊均匀的液态，果蔬汁内含有微粒。其制造工艺与透明果蔬汁有所不同，不经澄清处理，但需经过高压均质等处理，不允许存在大颗粒，以免影响商品价值。混浊果蔬汁中留有果肉微粒，其营养成分大部分存在于果蔬汁的悬浮微粒中，故风味、色泽和营养价值都比澄清果蔬汁好。混浊果蔬汁有柑橘汁、柠檬汁、桃汁、杏汁等。

二、澄清果蔬汁加工工艺

1. 工艺流程

原料选择→原料预处理→取汁→澄清→过滤→调配→杀菌→灌装→冷却→成品。

2. 操作规程

（1）原料选择

加工果蔬汁的原料要求有良好的风味和香味，无异味，色泽好而稳定，糖酸比合适，并且在加工储藏中能保持这些优良的品质，出汁率高，取汁容易。果蔬汁加工对原料的果形大小和形状虽无严格要求，但对成熟度要求较严，未成熟或过熟的果蔬均不合适。

常见的澄清果蔬汁原料有苹果、梨、葡萄等；常见的混浊果蔬汁原料有橙子、猕猴桃、桃子、芒果、木瓜、菠萝、胡萝卜、番茄等。

（2）原料预处理

1）挑选。为了保证果蔬汁的质量，原料加工前必须进行挑选，剔除霉变、腐烂、未成熟和变质果蔬。

2）清洗。清洗可以减少杂质污染、降低微生物数量和农药残留。清洗一般先浸泡后喷淋或流水冲洗，对于农药残留较多的果蔬，可加用稀盐酸溶液或脂肪酸系的洗涤剂进行处理。对于受微生物污染严重的果蔬，可用漂白粉、高锰酸钾溶液进行消毒。

（3）取汁

1）破碎。原料取汁前的破碎是为了提高出汁率，尤其是对皮、肉致密的果蔬。破碎后的果蔬碎块大小应均匀、适当；碎块太大则出汁率低；太小则影响过滤，出汁率也会低。如苹果、梨破碎后果块以直径 3 ~ 4 mm 大小为宜，草莓、葡萄以直径 2 ~ 3 mm 为宜。

2）榨汁或浸汁。取汁有压榨和浸提两种，对于大多数汁液含量丰富的果蔬以压榨取汁为主，榨汁方法因原料种类及生产规模而异。常用的压榨机有水压机、辊压机、螺旋式榨汁机和离心式榨汁机、打浆机等。

对于汁液含量较低的果蔬（如山楂），采取原料破碎后加水浸提的办法，加水量和浸提时间的长短根据果蔬种类而定。

（4）澄清

1）酶法澄清处理。酶法澄清是利用果胶酶、淀粉酶等来分解果蔬汁中的果胶物质和淀粉等达到澄清目的。酶法无营养素损失，而且试剂用量少，效果好。使用果胶酶应注意反应温度与处理时间，通常控制在55℃以下。反应的最佳pH值因果胶酶种类不同而异，一般在弱酸条件下进行，pH值为3.5～5.5。酶制剂可直接加入榨出的新鲜果汁中，也可以在果蔬汁加热杀菌后加入。榨出的新鲜果蔬汁未经加热处理，直接加入酶制剂，这样果蔬汁中的天然果胶酶可起协同作用，使澄清速度加快。有些水果中氧化酶活性较高，鲜果汁在空气中存放易氧化而产生褐变，可将果汁经80～85℃短时加热灭酶，冷却至55℃以下再进行酶处理。酶制剂的用量因果蔬汁及酶的种类而异，准确用量还需预先做试验。

2）高分子化合物絮凝法澄清处理。将极少量可溶性高分子化合物加入果蔬汁中，可迅速导致水溶性混浊胶体迅速沉淀，沉淀呈疏松的棉絮状，这类沉淀称为絮凝物，这种现象称为絮凝作用。能产生絮凝作用的高分子化合物称为絮凝剂。天然的高分子絮凝剂有明胶、淀粉和改性多糖等，生产上常结合使用，如明胶—单宁絮凝法，膨润土—明胶—硅溶胶絮凝法。

3）物理澄清法

1）加热澄清法。将果汁在80～90 s内加热至80～82℃，然后急速冷却至室温，由于温度的剧变，果蔬汁中蛋白质和其他胶质变性凝固析出，从而达到澄清的目的。

2）冷冻澄清法。将果蔬汁急速冷却，一部分胶体溶液完全或部分被破坏而变成无定形沉淀，此沉淀可在解冻后滤去，另一部分保持胶体性质的也可用其他方法过滤除去，但此法要达到完全澄清也不容易。

（5）过滤

为了得到澄清透明且稳定的果蔬汁，澄清之后的果蔬汁必须经过过滤，目的是除去细小的悬浮物质。过滤设备主要有硅藻土过滤机、板框压滤机、真空过滤器、离心分离机、深过滤过滤片和膜分离等。过滤速度受到过滤器孔大小、施加压力、果蔬汁黏度、悬浮颗粒的密度和大小、果蔬汁的温度等的影响。无论采用哪一种类型的过滤器，都必须减少压缩性的组织碎片淤塞滤孔，以提高过滤效果。

1）硅藻土过滤机过滤。它是果蔬汁和其他澄清饮料生产使用较多的方法。硅藻土具有很大的表面积，把它预涂在带筛孔的空心滤框中，形成厚度约1 mm的过滤层，具有阻挡和吸附悬浮颗粒的作用。它来源广泛，价格低廉，过滤效果好，因而在小型果蔬汁生产企业被广泛应用。

2）板框压滤机过滤。它是另一用途广泛的方法，该机也是目前常用的分离设备之一，特别是近年来常作为果蔬汁进行超滤澄清的前处理设备，对减轻超滤设备的压力十分重要。

3）离心分离。它同样是果蔬汁分离的常用方法，在高速转动的离心机内悬浮颗粒得以分离，有自动排渣和间隙排渣两种。缺点是混入的空气增多。

4）真空过滤。过滤前的真空过滤器的滤筛上涂有一层厚6.7 cm的硅藻土，滤筛部分浸在果蔬汁中，过滤器以一定速度转动，均一地把果蔬汁带入整个过滤筛表面。过滤器内的真空使过滤器顶部和底部果蔬汁有效地渗过助滤剂，损失很少，并由一特殊阀门来保持过滤器内的真空和果蔬汁的流出。过滤器内的真空度一般维持在84.6 kPa。

5）深过滤。深过滤过滤片是至今为止在各个应用范围内使用最广泛、效率最高和最经济的产品过滤工艺。利用深过滤过滤片所分离物质的范围可以从直径为几微米的微生物到分子大小的颗粒，可用于粗过滤、澄清过滤、细过滤及除菌过滤等。由纤维素和多孔的材料构成的深过滤过滤片具有一个三维空间和迷宫式的网状结构，每平方米过滤面积的过滤片有几千平方米的内表面积，因此，其具有非常高的截留混浊物的能力，特别适用于胶质或有些黏稠的混浊物，因此越来越广泛地被用于果蔬汁厂的分离澄清工艺。

6）膜分离技术。在果蔬汁澄清工艺中所采用的膜主要是超滤膜，膜材料有陶瓷膜、聚砜膜、磺化聚砜膜、聚丙烯腈膜及共混膜。用超滤膜澄清的果蔬汁无论从外观上还是从加工特性上都优于其他澄清方法制得的澄清果蔬汁。

（6）调配

为改进果蔬汁风味及满足产品质量要求，常需要对果蔬汁进行适当调整。调整措施主要为糖酸比例的调整和添加香精、色素等物质。

果蔬汁的糖酸比例是决定口感和风味的主要因素。果蔬汁适宜的糖酸比例为13:1～15:1，果蔬汁饮料适宜的糖酸比例为25:1左右。

一般果蔬汁中含糖量为8%～14%，有机酸的含量为0.1%～0.5%。调配时用手持折光仪测果蔬汁的含糖量，用滴定法测定果蔬汁的含酸量，然后按下列公式计算添加糖和柠檬酸的量。

$$X = \frac{W(B - C)}{D - B}$$

式中　X——需加入的浓糖液（酸液）的量，kg；

D——浓糖液（酸液）的浓度；

W——调整前原果蔬汁的质量，kg；

C——调整前原果蔬汁的含糖（酸）量；

B——要求调整后的含糖（酸）量。

所用白糖先配成65%左右的浓糖液并过滤备用，柠檬酸先配成50%的溶液并过滤备用。

生产果蔬汁饮料时，还要根据需要添加色素、香精、稳定剂、防腐剂等食品添加剂。这些物质都要先配成溶液再加入果蔬汁中，以确保均匀。需要注意的是，食品添加剂的使用范围和用量必须符合《食品安全国家标准 食品添加剂使用标准》（GB 2760—2011）的规定。

（7）杀菌

对果蔬汁杀菌不仅可以消灭其中的腐败菌，而且可使能引起化学变化的酶类（果胶酶等）钝化。由于加热使果蔬汁的品质下降，所以，为了既达到杀菌目的，又尽可能降低对果蔬汁品质的影响，就必须选择合理的加热温度和时间。一般采用高温瞬时巴氏杀菌法，即采用（93±2）℃保持15～30 s的杀菌方法；特殊情况可用120℃以上3～10 s的瞬间杀菌法。

（8）罐装、冷却

经杀菌的果蔬汁即可进行灌装。包装容器有铁罐、玻璃瓶、PET瓶、纸盒等。包装方法一般采用无菌灌装，小型企业也可采用热灌装方法。装罐封口后应迅速冷却至38℃以下。

三、混浊果蔬汁加工工艺

1. 工艺流程

原料选择→原料预处理→取汁→调配→均质→脱气→杀菌→灌装→冷却。

2. 操作规程

混浊果蔬汁与澄清果蔬汁加工工艺的区别在于前者需要均质和脱气，后者需要澄清和过滤（精滤），其他工序的操作规程都是一样的。下面仅介绍混浊果蔬汁的特有工序，即均质和脱气的操作规程，其他工序的操作规程参见澄清果蔬汁加工工艺。

（1）均质处理

均质即将果蔬汁通过一定的设备使其中的细小颗粒进一步破碎，使果胶和果蔬汁亲和，保持果蔬汁均一性的操作。生产上常用的均质机械有高压均质机和胶体磨。

1）高压均质机。高压均质机的工作原理是将混匀的物料通过柱塞泵的作用，在高压低速下进入阀座和阀杆之间的空间，这时其速度增至290 m/s，同时压力相应降低到物料中水的蒸汽压以下，于是在颗粒中形成气泡并膨胀，引起气泡炸裂物料颗粒（空穴效应）。由于空穴效应造成强大的剪切力，由此可得到极细且均匀的固体分散物。所用的均质压力随果蔬种类、物料温度、要求的颗粒大小而异，一般在15～40 MPa。重复均质有一定的作用。

2）胶体磨。胶体磨的破碎是借助快速转动和狭腔的摩擦发挥作用的，当果蔬汁进入狭腔（间距可调）时，受到强大的离心力作用，颗粒在转齿和定齿之间的狭腔中摩擦、撞击而分散成细小颗粒。

（2）脱气处理

果蔬细胞间隙存在着大量的空气，在原料的破碎、取汁、均质和搅拌、输送等工序中要混入大量的空气，所以得到的果蔬汁中含有大量的氧气、二氧化碳、氮气等。这些气体以溶解形式在细微粒子表面吸附着，也有一小部分以果蔬汁的化学成分存在。这些气体中的氧气可导致果蔬汁营养成分的损失和色泽变化，因此，必须去除，这一工艺称为脱气或去氧。脱气的方法有真空脱气法、充氮置换法和酶法等，目前生产上一般采用真空脱气法。

真空脱气法是将处理过的果蔬汁通过泵加压喷雾到真空脱气罐内，利用真空泵将果蔬汁中的空气抽走。操作中，要控制适当的真空度和果汁的温度，一般采用果蔬汁温度为50～70℃的热脱气或果蔬汁温度为20～25℃的常温脱气，脱气罐内的真空度为0.090 7～0.093 3 MPa。真空脱气的缺点是在脱气的同时有很多的低沸点芳香物质被汽化除去，同时果蔬汁中的少量水分也被蒸发除去。因此，对于那些芳香的果蔬，特别是一些热带果品，可以安装芳香回收装置，将气体冷凝，再将冷凝液作为香料加回产品中。

四、浓缩果蔬汁加工工艺

1. 工艺流程

原料选择→原料预处理→取汁→澄清、过滤（或均质、脱气）→浓缩→杀菌→灌装→成品。

2. 操作规程

浓缩果蔬汁是将澄清果蔬汁或混浊果蔬汁脱水浓缩而得，除浓缩之外的工艺操作规程参见澄清果蔬汁和混浊果蔬汁的加工工艺。下面介绍浓缩和芳香物回收的工艺操作规程。

（1）浓缩

1）真空浓缩法。这是果蔬汁浓缩的常用方法，其实质就是在低于大气压的真空状态下，使果蔬汁沸点下降，加热沸腾，使水分从原果蔬汁中分离出来。真空浓缩设备由蒸发器、真空冷凝器和分离器组成。蒸发器实质上是一个热交换器，提供加热和蒸发原果蔬汁所需的热量和浓缩汁与水蒸气分离的热量。冷凝器使从原果蔬汁中分离出来的水蒸气冷凝。此外，组成真空浓缩设备的装置还有真空泵、输送泵、测量装置和调节装置等。目前浓缩设备有强制循环蒸发式、降膜蒸发式、平板（片状）蒸发式、搅拌蒸发式和离心薄膜蒸发式等。

2）膜浓缩法。膜浓缩主要是超滤和反渗透。反渗透和超滤是依赖于膜的选择性筛分作用，以压力差为推动力，使某些物质透过，而其他组分不透过，从而达到分离、浓缩目的的。

3）冷冻浓缩。把果蔬汁放在低温中使果蔬汁中的水分先行结冰，然后将冰块与果汁分离，即得到浓缩的果蔬汁。此法的主要特点就是果蔬汁能在低温状况下进行不加热浓缩。这种制品能保存原来的芳香物质、色泽和营养成分。果蔬汁越浓，黏度越大，冻结的温度也越低。因此，在较低的温度下冻结，时间过久，果蔬汁与冰块就很难分离。所以冷冻浓缩的浓缩度有一定的范围。一般用冷冻浓缩法所得的果蔬汁其可溶性物质的含量最高只能达到50%。首先将果蔬汁注入搪瓷或不锈钢容器中，然后浸入－28℃的盐水。开始时进行搅拌，待果蔬汁凝结成冰粒状时，即刻移放到－10℃盐水中，并间歇地搅拌，直至冰粒全部形成时取出。离心分离冰粒与果蔬汁时，离心机网孔直径应在2 mm左右，这样所得的果蔬汁浓度在25%～30%；经过第二次冻结浓缩，最后浓度可达40%～45%。

（2）芳香物的回收

芳香回收系统是各种真空浓缩果蔬汁生产线的重要部分。因为在加热浓缩过程中，果蔬中部分典型的芳香成分随着水分的蒸发而逸出，从而使浓缩产品失去原有的天然风味，故此，有必要将这些物质进行回收，加入果蔬汁中。目前能回收苹果的8%～10%，黑醋栗的10%～15%，葡萄、甜橙的26%～30%的芳香物质。其技术路线有两种：一是在浓缩前，首先将芳香成分分离回收，然后加到浓缩果汁中；二是将浓缩罐中蒸发的蒸汽进行分离回收，然后加回果蔬汁中。

任务1　橙汁加工

本任务将完成橙汁的加工。橙汁加工的关键环节是榨汁、脱气去油、杀菌和均质。

任务实施

一、橙汁加工

1．工艺流程

原料的清洗和选别→榨汁→过滤→加糖→脱气、去油→杀菌→均质→罐装、冷却。

2．操作要点

（1）原料的清洗和选别

采用喷水冲洗或流动水冲洗，对于农药残留较多的果实可浸入含洗涤剂的水中，再用水喷洗，洗涤后再检验一次果实，最后将病虫害果、未成熟果、枯果、受伤果剔除。

（2）榨汁

柑橘类果实的外表由于含有精油、芋萜、萜品类物质而产生萜品臭。果皮、内果皮和种子中存在大量的以柚皮苷为代表的黄酮类化合物和以柠碱为代表的柠烯类化合物，加热后，这些化合物由不溶性变为可溶性，使果汁变苦。榨汁时必须设法避免这些物质进入果汁。因此，不宜采用破碎压榨取汁法，而应采取逐个锥汁法。

（3）过滤

榨出的果汁中含有一些悬浮物，不仅影响果汁的外观和风味，而且还会使果汁变质损坏。所以，要进行过滤。对于混浊果汁是在保存色粒以获得色泽、风味和香味特性的前提下，除去分散在果汁中的粗大颗粒和悬浮粒。过滤的方法有两种：压力过滤和真空过滤。

（4）加糖

有些果汁并不一定适合消费者的口味，为使果汁符合产品规格，要求改进风味，需要适当调整糖酸比例，但调整范围不宜过大，以免失去果汁原有的风味，一般认为橙汁成品的糖酸比例在13∶1～15∶1为宜。

（5）脱气、去油

存在于果实细胞间隙中的氧、氮和呼吸作用的产物二氧化碳等气体，在加工过程中能以溶解态进入橙汁中，或被吸附在果实微粒和胶体的表面，同时由于橙汁与空气接触的结果，增加了气体含量，这样制得的橙汁中肯定会存在大量的氧等气体。氧的存在不仅会使橙汁中的维生素 C 受到破坏，而且与橙汁中的各种成分产生反应而使香气和色泽恶化，这些不良影响在加热时更为明显，所以在橙汁加热杀菌前必须脱气，去掉过量的氧，使氧的含量尽可能低。脱氧、去油是在同一操作过程中完成的。

橙外皮精油对保证橙汁最佳风味是必不可少的，然而过量的果皮精油混入橙汁往往会产生异味，因此要控制精油的含量。去氧的方法有真空法、氮气交换法、酶法脱气和抗氧化剂法。

（6）杀菌

橙汁的巴氏杀菌不仅能消灭腐败菌，而且可使能引起化学变化的酶类（果胶酶等）钝化。加热会使橙汁的品质明显下降，因此，为了既达到杀菌目的，又尽可能降低酶对橙汁品质的影响，就必须选择合理的加热温度和时间。一般采用（93±2）℃保持 15～30 s，特殊情况可用 120℃以上 3～10 s 的瞬间杀菌法。

（7）均质

均质是混浊果汁制作上的特殊操作，多用于玻璃包装的产品。均质是果汁通过均质设备，使果汁中所含的粒子进一步破碎并且大小均一，促进果胶的渗出，使果胶和果汁亲和，且均匀而稳定地分散于果汁中，从而获得有一定混浊度但不会分离和沉淀的果汁。

均质常用高压均质机或胶体磨等设备进行。使用高压均质机时，橙汁通入后，其中的悬浮颗粒在高压状态下被破碎，被强制通过均质机的 0.002～0.003 mm 孔径的小孔，分裂成更细小的颗粒，均匀而稳定地分散在橙汁中。

（8）罐装、冷却

经杀菌的橙汁（温度约为 85℃）用泵送入料桶，直接灌入罐中。橙汁在料桶停留时间不得超过 2 min，以减少风味的变化。装罐封口后倒立放置 20 min，以便用橙汁的温度对封口盖灭菌。接着，喷淋冷水使罐冷至 38℃以下，重要的是经过冷却的罐头保留有余热，有利于罐身干燥，防止生锈。

二、产品质量控制

1．生产过程质量控制

（1）混浊和沉淀的控制

混浊果汁要求有均匀的混浊度，但在储藏过程中常发生沉淀。这是因为混浊果汁是一个由果胶、蛋白质等亲水胶体物质组成的胶体系统，其 pH 值、离子强度，尤其是保护胶体稳定性物质的种类与用量不同等，都会对混浊果汁的稳定性产生影响。可以从减小固体颗粒体积，减少固体颗粒与果汁体系的密度差及增大果蔬汁黏度等方面增加混浊果蔬汁的稳定性来考虑。所以一方面要掌握好均质处理的压力和时间条件，另一方面要配合使用稳定剂（如黄原胶、海藻酸钠、明胶等）的种类和用量。金属离子螯合剂往往也是混浊果汁稳定剂不可缺少的成分。

（2）微生物引起的败坏

微生物的侵染和繁殖引起的败坏可表现在变味（馊味、酸味、臭味、酒精味和霉味），也可引起长霉、混浊和发酵。控制办法如下：

1）采用新鲜、无霉烂、无病虫害的果实原料。

2）注意原料的洗涤消毒。

3）严格车间和设备、管道、工具、容器等的消毒，缩短工艺流程的时间。

4）果汁灌装后封口要严密。

5）杀菌要彻底。

2．终产品质量控制

应按照检验规程《橙汁及橙汁饮料》（GB/T 21731—2008）对终产品实施抽样检验。产品的质量要求见表7—3和表7—4。

表7—3　橙汁感官要求

项目		要求
感官要求	状态	呈均匀汁液或浆液，容许有果肉沉淀
	色泽	橙黄色至橙红色
	气味与滋味	复原后具有橙汁应有的香气及滋味，无异味
	杂质	无正常视力可见外来杂质

表7—4　橙汁理化和安全要求

项目			非复原橙汁	复原橙汁	橙汁饮料
理化指标	可溶性固形物（20℃，未校正酸度）	≥	10.0%	11.2%	—
	蔗糖（复原后）/（g/kg）	≤	50.0		—
	葡萄糖（复原后）（g/kg）		20.0～35.0		—
	果糖（复原后）/（g/kg）		20.0～35.0		—
	葡萄糖（复原后）果糖	≤	1.0		—
	橙汁（复原后）/（g/100 g）		100		≥10
安全指标	符合《果蔬汁饮料标准》（GB 19297—2003）的要求				

任务2　浓缩苹果汁加工

本任务将完成浓缩苹果汁的加工。浓缩苹果汁加工的关键环节是酶化、超滤、浓缩、杀菌和无菌灌装。

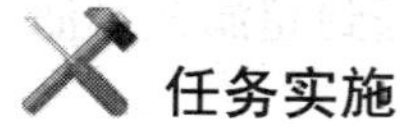

任务实施

一、加工浓缩苹果汁

1. 工艺流程

原料果验收→原料果冲洗→原料果拣选→破碎→榨汁→粗滤→第一次巴氏灭菌→第一次冷却→酶化→超滤或微滤→蒸发浓缩→第二次冷却→第二次巴氏灭菌→第三次冷却→无菌灌装→储藏→运输。

2. 操作规程

（1）原料果验收

查验运入厂的原料果的品质、重量、杂质、来源等，特别要查验有无原料果“农药、重金属残留普查合格证明”，拒收无此证明的苹果。

（2）原料果冲洗

用高压水将原料果从果池中冲出，进入深25 m以上的洗果槽，使原料果在果槽中随水流动以便达到冲洗的目的，期间经过滤装置和沉淀池以除去沙土和杂质（树叶、小树枝、杂草等），然后经2~3级提升并用净水喷淋用传送链将果子送入链条传动式选果台。

（3）原料果拣选

在选果台上随着果子的滚动将霉烂变质果拣选挑出，此工序需将烂果率控制在2%以下，选果台上的苹果成单层摆放，每平方米选果台保证有3名以上选果人员。拣选后的原料果随传动链条进入破碎机。

（4）破碎

将洗净的原料果在破碎机内粉碎制成果浆，通过不锈钢管道输入榨汁机内。

（5）榨汁

果浆通过榨汁机的挤压分成果汁和果渣，果渣由排渣装置运出车间，果汁由收集管道流入粗滤灌。

（6）粗滤

果汁在粗滤罐中经过滤除去较大颗粒的非水溶性物质后经管道传送至第一次巴氏灭菌装置。

（7）第一次巴氏灭菌

果汁在90℃的巴氏灭菌装置中维持30 s（通过控制流速保证30 s）以杀灭细菌（但不能杀灭芽孢），第一次灭菌的果汁由管道传送至冷却装置。

（8）第一次冷却

将第一次巴氏灭菌的果汁在冷却（冷水循环）装置中迅速降至50℃后，由管道传送至酶化罐。

（9）酶化

果汁在淀粉酶和果胶酶的作用下，使淀粉和果胶分解成可溶性的小分子物质（防止果汁出现沉淀或混浊），酶的浓度、酶化温度和时间因原料果品质的不同而不同，一般情况下酶化温度和时间分别是50~55℃和2 h。酶化后的果汁经管道传送到超滤或微滤装置。

(10) 超滤或微滤

超滤装置的膜孔径为0.02 μm，微滤膜孔径为0.1 μm。经过超滤或微滤除去果汁中不溶性和分子大于0.02 μm或0.1 μm的物质（包括细菌），不同企业采用的滤膜材料和孔径有所不同。超滤或微滤后，果汁经管道传送至蒸发浓缩装置。

(11) 蒸发浓缩

大多数企业采用三次（效）减压蒸发浓缩装置。大多数企业采用的第一次（效）浓缩的真空压力和温度为-0.84 Pa和70~85℃，第二次（效）浓缩的真空压力和温度为-0.84 Pa和62~75℃，第三次（效）浓缩的真空压力和温度为-0.84 Pa和45~55℃。通过浓缩使果汁的糖度（可溶性物质）达到60~70 Brix。浓缩后的果汁经管道传送到冷却装置。三次（效）蒸发浓缩时间共为3 min。

(12) 第二次冷却

将浓缩果汁在冷却（冷水循环）装置中迅速降至40℃左右后，由管道传送至第二次巴氏灭菌装置。

(13) 第二次巴氏灭菌

果汁在93~98℃的巴氏灭菌装置中维持30 s（通过控制流速保证30 s）以杀灭细菌（但不能杀灭芽孢），第二次灭菌的果汁由管道传送至冷却装置。

(14) 第三次冷却

将浓缩果汁在冷却（冷水循环）装置中迅速降至30℃以下后，由管道传送至暂存罐中，以备灌装。

(15) 无菌灌装

暂存罐中的浓缩果汁经管道传送至无菌灌装机，利用罐装机口周围100℃蒸汽形成灭菌条件将果汁灌入无菌包装袋（外围为钢桶）或通过无菌管道灌入大型集装罐（袋）中。灌装重量通过密度和流量控制。

(16) 储藏

装袋（罐）的浓缩果汁放在0~5℃干净卫生的库房中保存。

(17) 运输

浓缩苹果汁的运输温度应为0~5℃。

二、产品质量控制

1. 生产过程质量控制

(1) 褐变控制

苹果汁容易发生褐变，在加工中发生的变色多为酶褐变，在储藏期间发生的变色多为非酶褐变。酶褐变控制的办法是：

要尽快用高温杀死酶活性；

添加有机酸或维生素C抑制酶褐变；

加工中要注意脱氧；

加工中要避免接触铜铁用具等。

非酶褐变控制的办法是：

防止过度的热力杀菌和尽可能避免过长的受热时间；

控制 pH 值在 3.3 以下；

要使制品储藏在较低的温度下，如 10℃或更低的温度；

储藏中要避光。

（2）混浊控制

澄清果蔬汁要求汁液透明，但在储藏过程中常发生果蔬汁的混浊。这是因为澄清果蔬汁的澄清处理中澄清剂用量不当或处理时间不够，使果胶或淀粉分解不完全等造成了后混浊。因此对于澄清果汁应严格澄清处理的操作，必须在澄清效果满意后方可进行过滤。

2. 终产品质量控制

应按照检验规程对终产品实施抽样检验。产品的质量要求见表 7—5。

表 7—5　　浓缩苹果汁的质量要求

项目		要求
感官要求	色泽	呈棕黄色或棕红色；对于脱色浓缩汁，呈淡黄色或水白色
	香气及滋味	将浓缩汁稀释至可溶性固形物为 11.5 Brix，该果汁应有苹果固有的香气与滋味，无异味
	外观形态	呈澄清透明状，无沉淀物，无悬浮物
	杂质	不允许有肉眼可见杂质
理化指标	可溶性固形物（20℃折光计法）/Brix	60.0～70.0（不包括 70.0）
	可滴定酸（以苹果酸计）	>0.8%
	透光率（625 nm）	≥95.0%
	色值（440 n）	≥45.0%
	浊度/NTU	≤5.00
	乙醇/（g/kg）	≤3.00
	果胶试验	阴性
	淀粉试验	阴性
	热稳定性试验	稳定
卫生指标	棒曲霉素/（pg/k	≤50
	菌落总数/（cfu/mL）	≤100
	大肠菌群（MPN/100 mL）	≤3
	致病菌	不得检出
	酵母菌/（cfu/mL）	<10
	霉菌/（cfu/mL）	<10
	重金属	见《浓缩苹果汁》（GB/T 18963—2012）

任务3　菠萝汁加工

我国目前市场上销售的菠萝汁、橙汁、番茄汁等果汁大部分是用浓缩汁兑水还原成的。本任务将以浓缩菠萝汁为原料，采用热灌装工艺加工菠萝汁。加工的关键环节是调配、杀菌、热灌装、封口和倒罐。

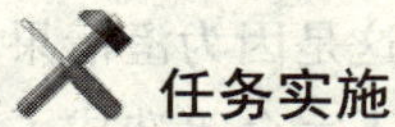

任务实施

一、加工菠萝汁

1. 工艺流程

浓缩菠萝汁验收→冷冻储存→投料→调配→过滤→杀菌→热灌装→封口→倒罐运行→冷却→喷码→库存分拣→检验。

2. 操作规程

（1）浓缩菠萝汁验收

对运输车辆及桶装果汁卫生清洁度、破损检查和数量清点，按规定抽样方案抽检，进行标准项目的理化、微生物检验或验证供方提供的原料检验报告，合格者入库。

（2）冷冻储存

双层塑袋包装，外铁桶装，要求在温度小于等于－10℃的环境下储存，防止理化、生物变化。

（3）投料

批量性开桶拆包卸料，使浓缩菠萝汁缓慢从桶内塑料袋中流出，用水冲洗塑料袋。

（4）调配

配水还原，调控糖度，检测酸度、维生素C含量，确认色、香、味。

（5）过滤

使配好的料液经过滤网，排除原料本身投料过程带入非果汁固体杂质。

（6）杀菌

对还原为100%果汁料液进行瞬时高温灭菌，以达到灌装料液无菌目的。杀菌条件为105～108℃维持15 s。

（7）热灌装、封口

定量地将无菌果汁灌入已消毒的罐内并封口，利用汁液高温杀灭罐内壁可能存在的微生物。

装果汁用的空罐要先进行清洗、消毒，一般采用85℃以上的热水或蒸汽冲洗倒置的空罐进行消毒。

（8）倒罐运行

把包装倒转热运行1～2 min，利用热汁液对包装顶部空气、罐盖和内壁杀菌。

(9) 冷却

为避免果汁热敏成分受热变化，确保产品风味，对最终成品进行冷水喷淋冷却。

(10) 喷码

冷却后在输送带上连续喷码，进行产品批号、生产日期、时间段、保质期的标识。

(11) 库存分拣

因罐密封不良，可能在产品冷却后形成真空时，空气向里渗透而带入微生物，经过3~5天后引起果汁发酵产气而胀罐。因此，库存分拣成为质量控制的一个工序。

(12) 检验

最终产品，根据产品标准要求检验合格后放行。

二、产品质量控制

1. 生产过程质量控制

由于采用浓缩汁兑水还原加工成果汁，因此调配环节中加水量以及糖酸调配将影响终产品的口感和理化指标，所以一定要严格控制。

热灌装果汁的灌装环境没有达到无菌条件时，灌装、封口后罐内仍会有微生物存在。由于灌装封口后未再采取杀菌措施，而是利用杀菌后果汁的热量对包装顶部空气、罐盖和内壁杀菌，所以杀菌后应及时灌装、封口、倒罐运行，防止果汁降温而达不到杀菌效果。

2. 终产品质量控制

应按照检验规程对终产品实施抽样检验。产品的质量要求见表7—6。

表7—6　　菠萝汁质量要求

项目		要求
感官要求	色泽	呈淡黄色或浅黄色，有光泽，均匀一致
	香气及滋味	具有菠萝汁应有的香气与滋味，酸甜适口，无异味
	组织形态	混浊度均匀，久置后允许有微量果肉沉淀
	杂质	无肉眼可见外来杂质
理化指标	可溶性固形物（20℃折光计法）/Brix	≥10
	总酸（以柠檬酸计）	≥0.4%
	菌落总数/（cfu/mL）	≤100
	大肠菌群（MPN/100 mL）	≤3
	致病菌	不得检出
	酵母菌/（cfu/mL）	≤20
	霉菌/（cfu/mL）	≤20
	重金属	符合《果蔬汁饮料标准》（GB 19297—2003）规定

无菌灌装技术

无菌灌装是指待灌装的流体食品和包装材料在包装前经过灭菌，然后在无菌的环境中进行充填和封合的一种包装技术。无菌灌装包括冷灌装和热灌装。

无菌冷灌装是指食品杀菌后冷却至常温，并在无菌条件下对食品进行灌装。在无菌条件下灌装时，设备上可能会使饮料发生微生物污染的部位均要保证无菌状态，所以不必在饮料内添加防腐剂，也不必在饮料灌装封口后再进行后期杀菌，就可以满足长货架期的要求，同时可保持饮料的口感、色泽和风味。

无菌冷灌装技术的关键是保证灌装封口后的饮料内微生物控制在允许范围内（即商业无菌），为了保证无菌冷灌装的成功，生产线必须满足以下基本要求：产品经过超高温瞬时杀菌达到无菌状态，包装材料和密封容器要无菌，灌装设备达到无菌状态，灌装和封盖要在无菌环境下进行。

热灌装一般分为两种。一种是高温热灌装，即物料经过 UHT 瞬时杀菌后，降温到 85 ~92℃进行灌装，同时进行产品回流以保持恒定的灌装温度，然后保持该温度对瓶盖进行杀菌。另一种是物料杀菌灌装后在 65 ~75℃进行巴氏杀菌并添加防腐剂。这两种方式无须对瓶子和盖子进行单独灭菌，只需将产品在高温下保持足够长的时间即可达到杀菌效果。

无菌冷灌装与热灌装相比的突出优点如下：

（1）采用超高温瞬时杀菌技术（UHT），对物料的热处理时间不超过 30 s，最大程度地保证了产品的口感和色泽，并最大限度地保存了物料中维生素（热敏性营养素）的含量。

（2）灌装操作均在无菌、常温环境下进行，产品中不添加防腐剂，从而保证了产品的安全性。

（3）提高了生产能力，节约了原材料，降低了能源损耗，使产品制造成本降低。

~思考与练习~

1. 为什么果汁压榨前要进行热处理和酶处理？
2. 为什么混浊果蔬汁要进行脱气？脱气方法有哪些？
3. 混浊果蔬汁均质的目的是什么？
4. 哪些原因会导致澄清果蔬汁发生混浊？
5. 果蔬汁有哪些灌装方法？各有什么优缺点？

项目八　果蔬罐头加工技术

学习目标

1. 了解罐头的分类。
2. 掌握杀菌四要素。
3. 掌握果蔬罐头加工工艺流程。

项目基础知识

一、罐头食品概述

罐头食品是指将符合要求的原料经预处理、分选、修整、烹调（或不经烹调）、装罐（包括马口铁罐、玻璃罐、复合薄膜袋或其他包装材料容器）、排气、密封、加热杀菌、冷却或采用无菌包装而制成的达到商业无菌的食品。商业无菌是指罐头食品经过适度的热杀菌以后，不含有致病的微生物，也不含有在通常温度下能在其中繁殖的非致病性微生物。

1. 果蔬罐头食品分类

果蔬罐头食品的常见分类见表 8—1。

表 8—1　果蔬罐头食品的常见分类

分类依据	果蔬罐头种类		典型产品
根据原料分类	水果类罐头	糖水类水果罐头	糖水橘子、糖水菠萝、糖水荔枝
		糖浆类水果罐头	糖浆金橘
		果酱类水果罐头	草莓酱、苹果酱、果冻
		果汁类罐头	浓缩苹果汁、橙汁、果汁饮料
	蔬菜类罐头	清渍类蔬菜罐头	青刀豆、清水笋、蘑菇罐头
		醋渍类蔬菜罐头	酸黄瓜、甜酸荞头罐头
		盐渍（酱渍）蔬菜罐头	雪菜、香菜心罐头
		调味类蔬菜罐头	油焖笋、八宝斋等罐头
根据包装容器分类	金属罐头		马口铁罐装蘑菇、凉茶、八宝粥等
	玻璃罐头		玻璃瓶装糖水菠萝、糖水橘子等
	软包装罐头		铝箔袋装涪陵榨菜、番茄汁等

另外，根据罐头食品的有效酸度（pH 值）划分，可分为低酸性罐头食品、酸性罐头食品和酸化低酸性罐头食品。低酸性罐头食品是指除酒精饮料外，凡杀菌后平衡 pH 值大于4.6、水分活性值（A_w）大于0.85 的罐头食品，典型产品有盐水蘑菇罐头、青刀豆罐头、甜玉米罐头、清水竹笋罐头等。酸性罐头食品是指杀菌后平衡 pH 值等于或小于4.6 的罐头食品。pH 值小于4.7 的番茄、梨和菠萝以及由其制成的汁，及 pH 值小于4.9 的无花果都算作酸性食品。酸性罐头的典型产品有水荔枝罐头、瓶装草莓酱、瓶装苹果酱、瓶装果汁等。酸化低酸性罐头食品则是指原来低酸性的水果、蔬菜或蔬菜制品，为加热杀菌的需要而添加酸或酸性食品后所形成最后平衡 pH 值小于或等于4.6，水活性值大于0.85 的罐头食品，典型产品有罐装或复合袋装泡菜、榨菜、糖醋菜。

2. 罐头食品包装容器

罐头的包装容器通常包括三类，见表8—2。

表8—2　　罐头容器种类

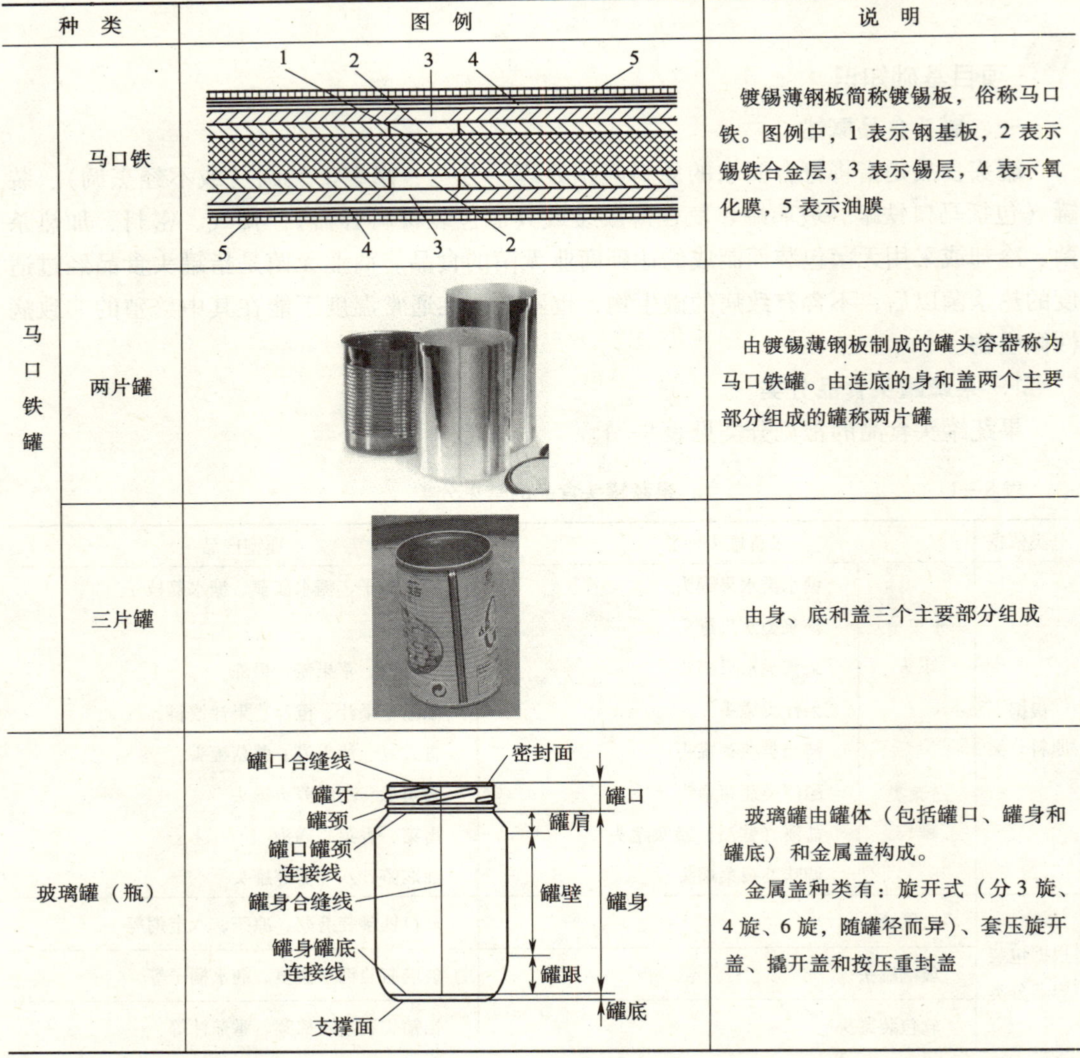

种类		图例	说明
马口铁罐	马口铁		镀锡薄钢板简称镀锡板，俗称马口铁。图例中，1 表示钢基板，2 表示锡铁合金层，3 表示锡层，4 表示氧化膜，5 表示油膜
	两片罐		由镀锡薄钢板制成的罐头容器称为马口铁罐。由连底的身和盖两个主要部分组成的罐称两片罐
	三片罐		由身、底和盖三个主要部分组成
玻璃罐（瓶）			玻璃罐由罐体（包括罐口、罐身和罐底）和金属盖构成。 金属盖种类有：旋开式（分3旋、4旋、6旋，随罐径而异）、套压旋开盖、撬开盖和按压重封盖

续表

种类		图例	说明
软包装罐	蒸煮袋		聚酯、聚丙烯，聚酯、聚偏二氯乙烯、聚丙烯，聚酯、铝箔、聚丙烯等材料制成的袋子
	铝塑复合半刚性包装容器	方形 圆盆形 长方形	由铝合金薄片和塑料薄膜合成材料冲压成型的包装容器，重量只有马口铁的 1/5

3. 罐头食品可以长期保藏的原因

（1）罐头食品达到商业无菌状态

罐头食品经过排气、密封、杀菌处理后，可以达到商业无菌状态，因而可以在常温下保存较长的时间。

（2）罐头食品中原料所含的酶已被灭活

罐头食品经过热处理后，钝化了原料中的酶，抑制了酶促反应，可防止食品腐败。

（3）罐头包装容器抑制了罐头食品内容物的氧化变质

罐头具有一定的真空度，同时包装容器具有不透气（部分还不透光）的特性，减缓了内容物的氧化（如油）、分解（如蛋白质、色素）、合成（如黑色素）等反应的速度。

二、罐头食品杀菌

1. 罐头食品杀菌方法

罐头食品杀菌的目的是使腐败微生物失去生命力以使罐头产品能在正常条件下长期储藏，也就是生产出达到商业无菌的罐头产品。目前罐头食品生产上使用的杀菌方法，按杀菌温度的高低可分为四种，见表 8—3。

表 8—3　　罐头食品杀菌方法

杀菌方法	杀菌条件	适用食品
常压杀菌	≤100℃	pH 值≤4.6 酸性或高酸性食品、低温储藏肉制品
高温（压）杀菌	100 ~ 121℃	用于 pH 值 >4.6 的低酸性食品
高温短时杀菌	138 ~ 145℃以下 1 ~ 30 s	无菌包装低酸食品
超高温瞬时杀菌	150 ~ 166℃以下 0.1 ~ 0.01 s	无菌包装低酸食品

2. 罐头食品杀菌基本术语

（1）D值

D值是指在一定的环境中和一定的热力致死温度下，杀死90%的对象菌数（芽孢数）所需要的时间（min）。如在110℃下杀死90%某一细菌需要10 min，则这个细菌在110℃的耐热性可用$D_{110}=10$ min来表示，不同种类微生物的D值是不相同的。D值越大，表示该对象菌的耐热性越大。

（2）F值

F值又称杀菌强度值（或杀菌致死值），表示在一定温度下，杀死一定浓度的细菌和芽孢所需的时间（ min），它可用来比较Z值（Z值表示微生物的抗热能力）相同的细菌的耐热性，但不适用于Z值不同的细菌的耐热性的比较。

通常在F值右侧上下角分别注明Z值和它所依据的温度，如$Z=10.0$℃的试验菌在121.1℃下加热5 min即全部杀死，可用$F_{121.1}^{10}=5$ min来表示，为简便起见，$F_{121.1}^{10}$通常可直接用F_0表示。

F值与D值的关系可用$F=nD$来表示，n是不固定的，随工厂卫生条件、食品污染微生物的种类及程度而变化，在美国一般用“6D”值来表示杀死嗜热性芽孢杆菌，用“12D”值表示杀死肉毒梭状芽孢杆菌，以保证食品的安全性。

3. 罐头食品杀菌四要素

影响杀菌效果的因素包括食品的种类、内容物的多少、初始菌数及其微生物的种类、杀菌锅的结构、杀菌操作、杀菌强度等。罐头食品要达到商业无菌的要求就必须严格控制杀菌的四要素，即杀菌工艺规程、关键因子、杀菌锅的热分布和杀菌规范操作。

（1）杀菌工艺规程

罐头食品杀菌工艺规程是指罐头食品热力杀菌时的升温、恒温的温度和时间要求，是保证杀菌效果的手段。

罐头食品杀菌工艺规程一般用杀菌公式表示。例如，杀菌工艺规程（15—30）/121℃。其中，121℃是杀菌温度，是指杀菌锅内传热介质（水或蒸汽）的温度不能低于121℃，但允许有0.5℃的正公差，升温结束时瞬间温度可以高出1℃，在1～2 min内回到杀菌温度。如果杀菌温度低于或高于此范围，则作杀菌偏差处理。对于高压杀菌，杀菌温度指排气结束，关闭排气阀后，杀菌锅内温度迅速上升，当温度升高到规定的杀菌温度时，便进入恒温阶段，该恒温阶段的温度为杀菌温度。15是升温时间，即应在15 min内将杀菌锅内传热介质温度升至121℃；30是恒温时间，即杀菌锅内传热介质温度在121℃时保持30 min，不得有负公差，但允许有2 min的正公差，如恒温时间超过2 min，则会影响内容物的质量，应作为杀菌偏差处理。

（2）关键因子

凡是影响微生物耐热性（D值）和传热速率的因子，都称为关键因子，因为它们稍有变化，就会直接影响产品的F值。关键因子是制定杀菌工艺规程的依据。影响罐头食品杀菌的关键因子见表8—4。

表 8—4　　罐头食品杀菌的关键因子

关键因子	说明
食品的种类	用于确定杀菌对象菌及其污染程度（初菌数），影响微生物的耐热性（D 值）
罐头的初温	初温是指未杀菌前，整个杀菌锅中温度最低的罐头的平均温度。罐头开始杀菌前，规定要检查罐头的初温，应先将内容物搅拌或摇动，然后测定其平均温度。这些罐头应代表装在杀菌锅内的最冷的罐头，其初温应等于或大于杀菌规程所要求的初温
最大水分活度（A_w）	用于确定杀菌对象菌，进而影响杀菌方法（常压或高压）
罐头食品的物理特性	主要是食品的形状、大小、调味汁配方、糖水浓度、物料黏稠度、密度、最大装罐量、净重和固形物重之比、装罐方式（手工、机器或其他方式）等
罐内顶隙度、真空度	抑制罐内残留微生物生长的环境，同时也影响热传递速率
食品预期储存条件及保质期	影响杀菌强度（温度和时间）
其他	包装形式（容器），装笼方式，分隔板、杀菌锅的形式及罐头在杀菌锅内的位置等

（3）杀菌锅的热分布

杀菌锅的热分布是指在杀菌过程中，同一瞬间在杀菌锅的不同位置的温度分布情况，如果各点温度相差很大，势必会导致有的位置杀菌过度，有的位置杀菌不足。因此，它是保证杀菌的条件。

美国食品和药物管理局规定，高压杀菌锅内所测各点的温度在同一瞬间内与杀菌锅的温度差不得超过 0.55℃（1 ℉），则此杀菌锅热分布是均匀的，只有这样的杀菌锅才能保证杀菌效果。

图 8—1 是静止蒸汽加压杀菌锅的结构示意图。

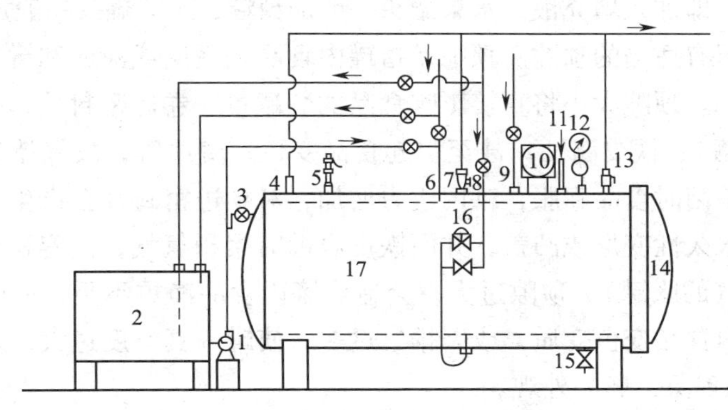

图 8—1　卧式杀菌锅示意图

1—水泵　2—水箱　3—溢流管　4，7，13—排气管　5—安全阀　6—进水管　8—进汽管　9—压缩空气管　10—温度记录仪　11—温度计　12—压力表　14—锅门　15—排水管　16—薄膜阀门　17—锅体

（4）杀菌规范操作

如果杀菌工不按规范操作，产品质量是无法保证的，所以说杀菌操作（升温、排气、恒温、冷却的操作）是保证杀菌效果的措施。

热力杀菌四要素是相辅相成不可分割的，任何一个要素或因素在性质、特征、条件、形态或参数上发生变化时，都会影响杀菌效果，达不到商业无菌的要求或者影响产品的内在质量。所以罐头杀菌的四要素在罐头食品生产过程中都必须加以控制，它们一旦发生偏离，就必须作为杀菌偏差处理。

三、罐头食品加工工艺

1．工艺流程

原料验收→原料预处理→装罐→排气→密封→杀菌→冷却→保温→打检→包装→入库。

2．操作规程

（1）原料验收

罐头加工用的原料应为罐头加工专用品种，新鲜，农药残留等质量安全指标应符合要求。

（2）原料预处理

水果原料一般包括清洗、去皮、去心（核）、切分等处理。蔬菜原料包括清洗、分级、去皮、切分、漂烫等处理。

（3）装罐

果蔬罐头，因其原料及成品形态不一，大小、排列方式各异，多采用人工装罐。装罐时一定要保证装入的固形物达到规定重量，因此，装罐时必须每罐称重。固形物含量一般为45%～65%；固形物装填太少，成品的固形物含量达不到规定要求，会变成不合格品；固形物装填太多，可能会造成杀菌不足，成品达不到商业无菌要求，出现食品安全问题。

装填固形物后即加入填充液。水果罐头一般加糖液，蔬菜罐头一般加清水或盐水。

装罐时必须留有适当的顶隙。顶隙是指罐内食品表面层或液面和罐盖间的空隙，一般要求为3～8 mm。顶隙大小将直接影响食品的装罐量、卷边密封性、铁罐变形或假胀罐（非腐败性胀罐）、铁皮腐蚀，甚至引起食品变色、变质等，故保持适度顶隙极为重要。顶隙过小，杀菌时食品膨胀，罐内压力增加，对卷边密封性会产生不利的影响；同时还会造成铁罐永久性变形或凸盖，并因铁皮腐蚀时聚积氢气，使容积减少，极易出现氢胀罐（充满氢气的胀罐）。顶隙过大，会造成罐内食品净重不足，或因排气不足残留空气多，促使罐内食品变色变质，或因排气过多，使罐内真空度过大，杀菌后出现罐盖（体）过度凹陷的现象，影响外观。

（4）排气

排气是指食品装罐后，密封前将罐内顶隙间、装罐时带入的和原料组织内的空气尽可能从罐内排除的一项技术措施，从而使密封后罐制品顶隙内形成部分真空的过程。

排气可防止或减轻因加热杀菌时内容物的膨胀而使容器变形，影响罐制品卷边和缝线的密封性，防止玻璃罐的跳盖；减轻罐内食品色香味的不良变化和营养物质的损失；阻止好气性微生物的生长繁殖；减轻马口铁罐内壁的腐蚀。因此，排气是罐制品生产中维护罐制品的密封性和延长储藏寿命的重要措施。排气应达到一定的真空度，一般要求真空度为0.025～0.04 MPa。

影响排气效果的因素主要有排气温度和时间、罐内顶隙的大小、原料种类及新鲜度、酸度等。

果蔬罐头排气方法主要有热力排气和真空密封排气两种。

热力排气是将装罐后的食品送入排气箱，在具有一定温度的排气箱内经一定时间的排气，使罐头的中心温度达到要求温度（一般在75℃左右）的排气方法。加热排气的设备有链带式排气箱和齿盘式排气箱。

真空密封排气法借助于真空封罐机将罐头置于真空封罐机的真空仓内，在抽气的同时进行密封的排气方法。

（5）密封

金属罐密封采用二重卷边封口机，玻璃罐密封采用旋盖封口机，软罐头密封采用热熔方法。罐头密封是保证其长期储存的重要步骤，应特别注意检查罐头的密封性。

（6）杀菌

密封后的罐头应尽快杀菌，避免积压，导致罐头中心温度降低及微生物繁殖，影响杀菌效果。

绝大部分水果罐头属于酸性罐头，一般采用常压杀菌；蔬菜罐头属于低酸性罐头食品，一般采用高压杀菌。

杀菌是罐头加工的关键控制点，一定要严格执行杀菌工艺规程（杀菌公式）和杀菌操作规程，确保杀菌后的产品符合罐头食品商业无菌的要求。

（7）冷却

杀菌后，应立即冷却。冷却不及时，等于人为延长热处理时间，内容物色泽、风味、结构组织均受到破坏。

冷却分为常压冷却和反压冷却。常压杀菌的铁罐制品，杀菌结束后可直接将罐头取出放入冷却水池中进行冷却；玻璃罐制品则采用三段式冷却，每段水温相差20℃左右。高压杀菌的罐头须采用反压冷却，即向杀菌锅内注入高压冷水或高压空气，以水或空气的压力代替蒸汽的压力，既能逐渐降低杀菌锅内的温度，又能使其内部的压力保持均衡的消降。

一般冷却至38～43℃即可，然后用干净的手巾擦干罐表面的水分。

（8）保温、打检、包装、入库

将罐头产品倒置于室温中保存，在温度不低于20℃的条件下常温保存7天，如温度超过25℃时，可缩短为5天。然后进行逐罐打检，剔除真空不良罐，按要求贴产品商标并装箱；包装好的成品及时入库并按规格、批号堆放；准确填写交库凭据，进出库台账，做到数量、批次准确，标识清楚。

对于含糖量在50%以上的浓缩果汁、果酱、糖浆水果类罐头，干制品罐头可以不进行保温处理。

任务1　糖水菠萝罐头加工

本任务将完成糖水菠萝罐头的加工。糖水波萝罐头采用旋盖玻璃瓶包装，产品质量要求符合《菠萝罐头》（GB/T 13207—2011）的要求。糖水菠萝罐头是我国产量最高的水果罐头，属于酸性罐头食品，应采用常压杀菌方法，其生产关键环节是原料验收、糖水配制、排气、封口、杀菌和冷却。

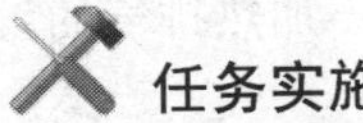

任务实施

一、加工糖水菠萝罐头

1. 工艺流程

糖水菠萝罐头的工艺流程如图8—2所示。

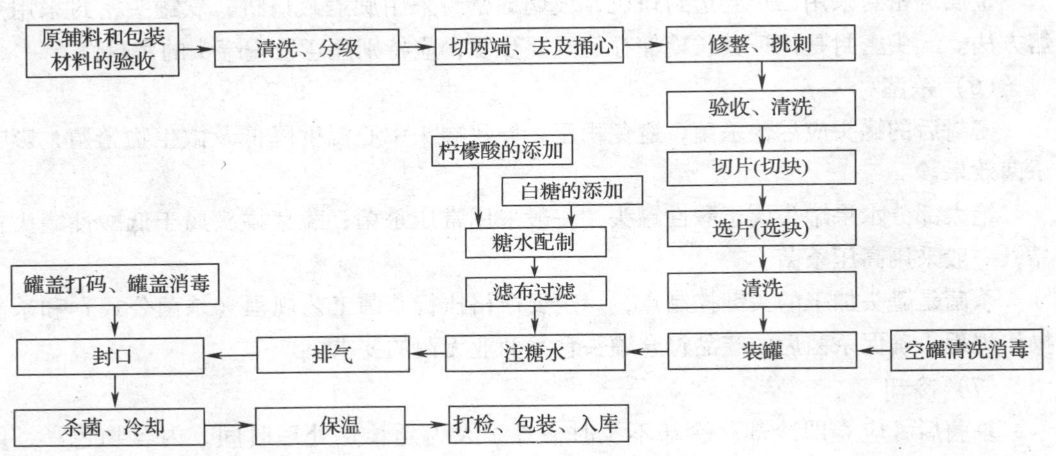

图8—2　糖水菠萝罐头生产工艺流程

2. 操作规程

（1）原辅料和包装材料的验收

选购公司备案的合格种植场（户）种植的菠萝。在收购前，采购人员直接到种植场（户）对选购的菠萝进行现场检验和观察，确认果实新鲜、饱满、无腐烂、无病害后再进行收购。

原料必须提供种植场（户）或供应商出具的检验合格证明，除去病虫、伤残、干瘪果，菠萝果实新鲜饱满，成熟度控制在6~8成，皮青肉黄为佳，无畸形、病虫害、霉烂、黑眼及机械伤引起的腐烂现象，单果重应大于等于550 g，经检验合格后，方可使用。

查验白砂糖和柠檬酸的该批次产品检验合格证和生产许可证复印件，供应商每年提供一次第三方全项检验报告。

空罐、罐盖、包装纸箱按公司制定的包装材料验收规范进行验收。

（2）原料预处理

1）清洗、分级。用清水将果面的泥沙和杂物漂洗干净，清洗后的菠萝送到分级机按菠萝果径大小进行分级；分级后的原料果按大小分别装入塑料筐，按等级送至不同口径的去皮捅心机原料存放区待用。

2）切两端、去皮捅心。用刀具切除菠萝两端的果皮，按大小等级使用不同口径的去皮捅心机去除果皮和果心。

3）修整、挑刺。削去残余的果皮、烂疤，用镊子修去菠萝果目。

4）验收、清洗。车间品管员（班组长）对修整后的果进行外观检验，对残留果皮、烂疤等缺陷的果实进行再次修整，使用符合国家饮用水标准的自来水进行喷淋冲洗或漂洗。

5）切片（切块）。使用切片机将果肉切成 9 ~ 15 mm 厚的环形片，切片后果实表面必须光滑。切片后的果片应及时选片、切块，不得积压。

按片形大小分别使用 4 ~ 16 等分机进行切块，切块要求完整光滑，块形大小均匀。

6）选片（选块）。完整无沟目捅心较正的圆片可用全圆片，对不合格的果片或断片可切成扇形或碎块，但不能有果目、斑点或机械伤。

块形完整的且为完整片 1/16 ~ 1/4 的菠萝，色泽较一致，圆弧弦在 16 ~ 42 mm 的生产扇形块，不符合生产扇形片的生产小碎块。

7）清洗。将挑选后的菠萝片（块）用清水清洗一次。

（3）空罐清洗消毒

空罐用 82℃以上的热水清洗或经清水洗净后用蒸汽喷射，倒置备用。

（4）糖水配制

糖水配制即根据罐头产品开罐糖度要求和果肉的糖酸含量，用白砂糖和柠檬酸配制一定糖酸含量的糖液。糖水应煮沸、过滤后使用。每锅糖水在配制好后及时抽样测定糖度、酸度并做好记录。糖水温度应大于等于 85℃。

1）糖液浓度的确定。装罐时需用的糖液浓度，一般根据水果的种类、品种、产品等级而异。我国目前生产的各类水果罐头除了个别产品外，均要求产品开罐后糖液浓度为 14% ~ 18%（以折光计）。每种水果罐头装罐时的糖液浓度，可结合装罐前水果本身可溶性固形物含量，每罐装入果肉量及每罐实际注入糖液量，按下式计算：

$$Y = \frac{W_3 Z - W_1 X}{W_2}$$

式中　W_1——每罐装入果肉量，g；

W_2——每罐加入糖液量，g；

W_3——每罐净重，g；

X——装罐前果肉可溶性固形物含量；

Y——注入罐的糖液浓度；

Z——要求开罐时糖液浓度。

2）糖液配制。糖液的配制方法有直接法和稀释法两种。

①直接法。根据装罐需要的糖液浓度，直接称取砂糖和水，在溶糖锅内加热搅拌溶解并煮沸过滤，校正浓度后备用。例如，装罐需用30%浓度的糖液，则可按砂糖 30 kg、清水 70 kg 的比例入锅加热溶解过滤，校正浓度后备用。

②稀释法。先配制高浓度糖液（称为母液），装罐时再根据需要浓度用水稀释。例如，要将65%的浓糖液稀释至35%，问浓糖液和水各需多少？

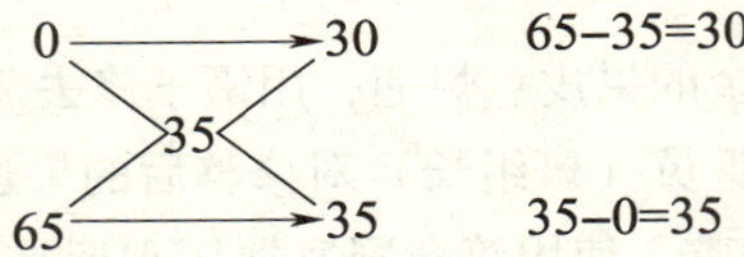

上式中，水 30 份，65%浓糖液 35 份，即6∶7（重量比）混合后即得浓度35%的糖液。

又如，现有40%及25%两种浓度的糖液，问配成30%浓度的糖液需两种糖液各多少？

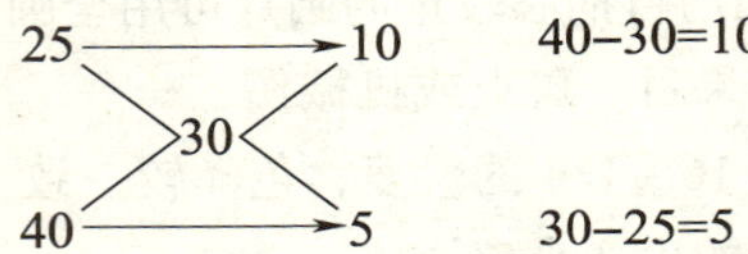

上式中，25%浓度的糖液 10 份与40%浓度的糖液 5 份混合，即得浓度30%的糖液。

（5）装罐和注糖水

前工序送来的圆片、扇片、碎块分别按规格挑选，将不合格的圆片、扇片切成碎块，剔除杂质并按装罐量及时装罐（每罐称重）。

配制好的糖水经管道输送，管道出口用滤布过滤可能混入汤水中的杂质；按工艺要求使用加汤装置或人工罐装糖水到罐中。

（6）排气

加糖水后迅速将罐头送入排气箱，按工艺要求调整链条的输送速度，排气箱内温度控制在60～98℃，排气后罐头中心温度应大于等于65℃，质检员每 30 min 测定一次罐头中心温度并做好记录。

（7）封口

从排气箱出来的罐头用封罐机进行封口，如产品已经过排气，可不要求抽真空，如未经排气，要求真空度为0.025～0.04 MPa。封口外观每 30 min 从每一封盖头取样 1 瓶检验，封口安全值（程）每 4 h 从每一封盖头取样 1 瓶检验，并做好记录。

（8）杀菌、冷却

罐体横放进入常压连续杀菌机（水面高出罐头 10 cm 以上），使用沸水杀菌。要求封口到杀菌工序之间不超过 1 h，杀菌装置符合《进出口罐头食品检验规程　第6部分：热力杀菌》（SN/T 0400.6—2005）的规定，严格按杀菌操作规程进行操作；不同罐型的杀菌规程参见表8—5。

表 8—5　　糖水菠萝罐头常压杀菌规程

罐型	初温/℃	杀菌温度/℃	杀菌时间/ min
7113#	≥30	100	20
968#	≥30	100	20
8113#	≥30	100	20
9121#	≥30	100	22
15173#	≥30	100	30

杀菌后罐头经分段冷却至40℃以下，冷却水余氯大于等于0.5 mg/L。

(9) 保温、打检、包装、入库

将罐头产品倒置于室温中保存，在温度不低于20℃条件下常温保存7天，如温度超过25℃时，可缩短为5天。

然后进行逐罐打检，剔除真空不良罐，按要求贴产品商标并装箱；包装好的成品及时入库并按规格、批号堆放；准确填写交库凭据，进出库台账，做到数量、批次准确，标识清楚。

二、产品质量控制

1. 生产过程质量控制

(1) 生产过程时间控制

严格控制各工序流程，半成品不得积压，每 2 h 清理一次。从封口到杀菌时间间隔应不超过 0.5 h，特殊情况也决不允许超过 1 h。

(2) 杀菌偏差处理方法

杀菌过程中若出现温度下降情况，应按照表 8—6 的规定增加杀菌时间。

表 8—6　　因杀菌温度下降所需增加的杀菌时间

温度下降持续时间/min	温度下降程度				
	1℃	2℃	3℃	4℃	5℃
	杀菌延长的时间/min				
1	2	2	3	5	5
2	3	3	5	6	6
3	4	4	6	7	8
4	4	5	7	8	8
5	5	5	7	8	9
6	5	6	8	9	10
7	6	6	8	10	11
8	6	7	9	10	12
9	6	7	9	11	12
10	6	7	10	12	13

续表

温度下降持续时间/min	温度下降程度				
	1℃	2℃	3℃	4℃	5℃
	杀菌延长的时间/min				
11	7	8	10	12	14
12	7	8	11	13	15
13	7	9	11	14	15
14	7	9	12	14	16
15	8	9	12	15	17
16	8	10	13	15	18
17	8	10	13	16	18
18	8	10	14	17	19
19	8	11	14	17	20
20	9	11	15	18	20
21	9	11	15	19	21
22	9	12	16	19	22
23	9	12	16	20	23
24	10	13	16	20	23
25	10	13	17	21	24
26	10	13	17	22	25
27	10	14	18	22	26
28	10	14	19	23	26

备注：当杀菌温度下降接近于杀菌末端时，杀菌纠正按照温度下降的时间延长杀菌时间。

2. 终产品质量控制

应按照罐头食品检验规程对终产品实施抽样检验。按照《菠萝罐头》（GB/T 13207—2011）的规定，感官质量应符合表8—7的规定，理化指标符合表8—8的规定，微生物指标应符合罐头食品商业无菌要求。

表8—7　糖水菠萝罐头感官要求

项目	要求
色泽	果肉呈淡黄色至金黄色，色泽较一致，允许有轻微白色放射状条纹。糖水较透明，允许含有不引起混浊的少量果肉碎屑
滋味、气味	酸甜适口，具有糖水菠萝罐头浓郁的芳香味，无异味
组织形态	果肉软硬适度，略有纤维感。果心或硬化部分不得超过固形物重的7%。块形完整，切削良好，不带机械伤或虫害斑点 全圆片：画周完好，切边整齐，果边无刁目沟纹，同一罐中片径、芯径与片厚大致均匀，装罐片数10片或10片以下者，过度修整片不超过1片，疵点数不超过1个；50片以上者，过度修整片不超过总片数的7.5%，疵点数不超过总片数的10%

续表

项目	要求
组织形态	旋回片：果边有刁目沟纹，其他同全圆片 扇形块、碎块、长块、小扇形块：同一罐中块形大小大致均匀，疵点数不超过总片数的12.5% 碎米：带有疵点的碎米以果肉重量计不超过固形物重的1.5%

表 8—8 菠萝罐头理化指标

罐号	净重/g	固形物	糖水浓度	重金属	罐内真空度
7113#或 7116#	425	碎米为 264 g，其余为 247 g	开罐时按折光计：原汁 10%～12%，低糖 14%～17%，中糖 17%～20%	符合《果、蔬罐头卫生标准》(GB 11671—2003)	水果罐头为0.027～0.040 MPa，带汤汁的蔬菜罐头为0.04～0.067 MPa
968#	454	263 g			
8113#	567	碎米为 369 g，其余为 329 g			
500 mL 罐头瓶	510	255 g			

3. 常见质量问题及控制措施

罐头生产和储存中常见的质量问题及其原因和控制措施见表 8—9。

表 8—9 罐头生产和储存中常见问题与控制

问题		原因	控制措施
胀罐	物理性胀罐	排气不足，顶隙少导致杀菌过程中罐内压过大，或高压杀菌冷却时加压不足，可引起金属罐凸起	装罐时严格控制装罐量，并留顶隙；罐头排气要充分，使其密封后，罐内形成较高的真空度；采用加压杀菌时，降压与降温速度不要太快
	细菌性胀罐	细菌繁殖，产生气体	控制生产过程卫生，减少微生物污染；缩短工艺流程，保持原料和半成品的新鲜；糖液应煮沸过滤；采用适宜的杀菌规程
玻璃罐头杀菌冷却过程中的跳盖现象以及破损		罐头排气不足；罐头内真空度不够；杀菌时降温、降压速度快；罐头内容物装得太多，顶隙太小；玻璃罐本身的质量差，尤其是耐温性差	罐头排气要充分，保证罐内的真空度；杀菌冷却时，降温降压速度不要太快，进行常压冷却时，禁止冷水直接喷淋到罐体上；罐头内容物装得不能太多，保证留有一定的空隙；定制玻璃罐时，必须保证玻璃罐具有一定的耐温性；利用回收的玻璃罐时，装罐前必须认真检查罐头容器，剔除所有不合格的玻璃罐
糖水水果罐头果肉变色		糖水的转化糖含量高	糖液加酸应随用随加，防止积压，以免蔗糖转化为转化糖，促使果肉色泽变红。荔枝、梨等罐头所用糖液，加热煮沸后如迅速冷却到 40℃ 入罐，对防止果肉变红有明显效果

任务2　盐水蘑菇罐头加工

本任务将完成盐水蘑菇罐头的加工。采用马口铁罐包装，产品质量要求符合《蘑菇罐头》（GB/T 14151—2006）的要求。盐水蘑菇罐头是我国传统的出口食品，属于低酸性罐头食品，应采用高压杀菌方法，其生产关键环节是原料验收、排气、封口、杀菌和冷却。

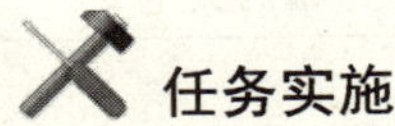

任务实施

一、加工盐水蘑菇罐头

1. 工艺流程

盐水蘑菇罐头加工流程如图8—3所示。

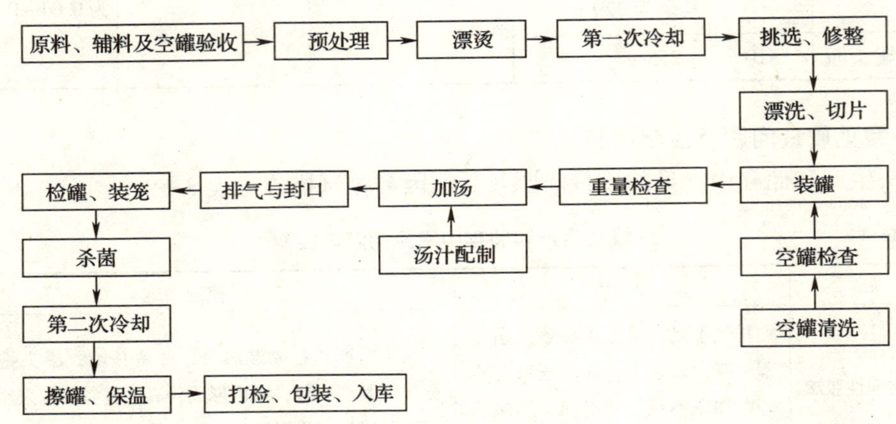

图8—3　盐水蘑菇罐头工艺流程

2. 操作规程

（1）原料、辅料及空罐验收

应按照原料、辅料的质量要求和验收规程验收进厂的原料、辅料。原料质量要求见表8—10，辅料（即食盐）质量要求见表8—11，包装材料质量要求见表8—12。

表8—10　　原料质量要求

产地	公司备案基地	
感官要求	色泽	乳白色
	气味	具有新鲜蘑菇应有的气味，无异味
	形态	蘑菇整只无根带柄，菌盖形态完整；表面光滑无凹陷，呈圆形或近似圆形，菌径为20～40 mm；菌柄切面平整，长度不超过8 mm；无薄皮菇、无畸形菇、无开伞、无鳞片、无空心、无脱柄、无泥根、无斑点、无病虫害、无机械伤、无污染、无变色菇、无杂质

续表

产地	公司备案基地
安全指标	重金属和农残应符合《食品中污染物限量》（GB 2762—2012）和《食品中农药最大残留限量》（GB 2763—2012）的要求
接受准则	必须采用采收后6 h内的新鲜蘑菇。运输时应采用统一的非密闭周转箱，避免日晒、雨淋。不得与有毒、有害、有异味或影响原料质量的物品混装运输。有产地证明和检验合格证明

表8—11　　食盐质量要求

产地	国家盐业公司下属的有生产许可证的生产企业
感官要求	白色、咸味、无异味、无肉眼可见的与盐无关的外来异物
理化指标	符合食用盐国家标准
交付方式	直接从国家盐业公司或特许经销商处购买
储存方式	储存在干燥、通风良好的场所。不得与有毒、有害、有异味、易挥发、易腐蚀的物品同时储存
接受准则	具有检验合格证明

表8—12　　包装材料质量要求

名称：马口铁罐	
产地	具有生产许可证的容器制造企业
重要的特性	铁质良好，涂料均匀，尺寸合格，切口平整，叠接长度≥1.00 mm；三率：叠接率≥50%，紧密度≥60%，完整率≥70%
组成	环氧酚醛型涂覆的镀锡（或镀铬）薄钢板
生产方式	采用高频焊接
交付方式	直接从制罐（瓶）企业或特许经销商处购买
包装类型	托盘运输
储存方式	干燥、通风良好的场所
使用前的处理	使用前须经82℃热水清洗消毒
接受准则	具有检验合格证明

（2）预处理

蘑菇经粗选后进行清洗，有必要时进行一定时间的浸泡。

（3）漂烫

漂烫机应洗涤干净，加入0.07%～0.1%柠檬酸溶液沸煮5～8 min（煮透为止）。每班生产结束，对漂烫机进行一次全面的清洗。

（4）第一次冷却

漂烫机出料后用流动水快速冷却，在冷却过程中应控制好冷却水流量，冷却时间以保证蘑菇冷却透（30℃以下）。冷却水含氯0.5～1.0 mg/kg。

（5）挑选、修整

经分级后的蘑菇，按级别不同分别送到处理台进行挑选。操作者应按质量标准分选出蘑菇的级别，拣出斑点、变色、带泥点等缺陷菇，并及时剔除不合格的下脚料。

（6）漂洗、切片

将蘑菇分级漂洗干净，去除一切杂质、碎屑，严禁混级，根据质量要求进行切片，将检验后的蘑菇片浸入清水中待装罐。每班定期清洗消毒设备和容器。

（7）汤汁配制

配制2.0%～2.5%的沸盐水，加入0.05%柠檬酸，过滤备用。

（8）空罐准备

1）空罐清洗。用82℃以上的热水冲洗空罐并倒置沥干水分。

2）空罐检查。装罐前对空罐进行逐个检查，剔除缺陷罐（所有可能存在的缺陷）。

（9）装罐

蘑菇装罐前要沥干水分。对于不同罐型，其净重、内容物规格、汤汁量按表8—13执行。

表8—13　罐头罐号与内容物要求　g

罐号	净重	蘑菇	汤汁
668#	184	112～115	69～72
763#	198	120～130	68～78
6101#	284	155～175	109～129
7110#或7116#	425	235～250	165～180
9124#	850	475～495	355～375

（10）重量检查

逐罐检查每罐的固形物含量（装罐量），及时调整重量不合格罐。专检人员每隔20 min抽查3罐检查装罐量。

（11）加汤

逐罐加入汤汁。汤汁温度应在80℃以上，加入量按表8—13执行。

（12）排气与封口

用封口机将罐盖与罐身压紧密封。大罐型采用排气箱排气，温度为95～97℃，时间为8～10 min，罐中心温度为70～80℃；小罐抽气密封，真空度为0.047～0.053 MPa。排气时间中心温度每0.5 h检测一次。

封口质量每0.5 h抽4罐，仔细看外观缺陷，发现问题立即停车校正。封口结构每隔2 h抽4罐，凡发现紧密度低于70%、叠接率和盖钩完整率低于50%，必须停车校正。

（13）检罐、装笼

将封口后经检验合格的罐头装入杀菌笼中，准备进行杀菌。

（14）杀菌

不同型号的罐头的杀菌规程见表8—14，杀菌操作步骤见表8—15。杀菌过程中若发生温度下降的情况，请按照表8—6进行补偿。

表 8—14　盐水蘑菇罐头杀菌规程

罐型	初温/℃	杀菌温度/℃	升温时间/ min	杀菌时间/ min
668#	≥70	121	10	17
763#	≥70	121	10	18
6101#	≥70	121	10	19
7110#或 7116#	≥70	121	10	20
9124#	≥70	121	15	27 ~ 30

表 8—15　金属罐装食品高压杀菌操作步骤

步　骤	说　明
装锅	装在杀菌篮中放入杀菌锅内。杀菌锅盖与锅身应加上锁或止动构件
开汽（升温开始）	在打开排气阀、泄气阀、排水管前，检查压缩空气阀、进水阀、溢流阀处于关闭状态。打开蒸汽阀，最好将杀菌控温阀与旁通阀全部打开，先进入排气阶段
排气开始	排气是在罐头杀菌前，把杀菌锅内的空气，用蒸汽的压力排出杀菌锅外，使杀菌锅内由饱和蒸汽充满，使蒸汽的温度与压力形成相对应关系，易于操作控制（便于用手动控制蒸汽压力来调整温度）。另外，排气可使空气排出杀菌锅外，使杀菌锅内无空气团存在，使锅内温度分布均匀 从打开蒸汽阀时就可以开始作为排气时间计时。一般在 100℃以下，杀菌锅内存在很多空气，待杀菌锅内达到 100℃时，杀菌锅的空气几乎均被排出，并充满了饱和水蒸气。为了确保空气全部排出，实验证明，要高于 100℃时，才能排气彻底
排气结束	不同大小的杀菌锅，不同口径的排气口（管），有不同的排气规定，即达到排气规范中温度和时间两个“至少”的基本点时以后（至少开足排气阀达某一个规定的时间及至少达到某一个规定温度），才可关闭排气阀，此时排气程序结束。例如，排气规范是 107℃ 5 min，它的含义是开足排气阀的时间至少 5 min，当要关闭排气阀时杀菌锅内的温度至少要达到 107℃
继续升温	当排气结束后，打开排水阀将冷凝水排出后关闭排水阀，继续打开蒸汽阀，让杀菌锅内的温度继续升温，通常在将要达到杀菌温度前 1 ~ 3℃时，可关闭旁通阀，靠自动控温阀继续升温
杀菌计时开始	当杀菌锅内蒸汽温度达到杀菌温度时，升温结束，杀菌计时开始
杀菌计时结束	控制此恒温的温度并保持到杀菌规程中规定的时间后，此时即为杀菌计时结束。同时，需全部关闭蒸汽进汽阀。在关闭蒸汽进汽阀前要核对如下项目： ①用钟表或准确的计时器核对是否达到了规定的杀菌时间。 ②核对记录仪图表，查看是否记录着规定的杀菌时间。 ③核对记录仪图表，查看是否有温度波动至规定的杀菌温度以下。 ④核对水银温度计，查看是否指示着规定的杀菌温度。 如果在上述检查中，发现有任何不满意之外，应当采取适当的措施以保证杀菌完全。如果对上述的各项检查均满意，就可以关闭蒸汽进汽阀

（15）第二次冷却

用冷却水及时将杀菌后的罐头冷却至 40℃以下。冷却水中余氯含量应小于 3 mg/kg，排放冷却水有效余氯含量应大于等于 0.5 mg/L。高压杀菌锅冷却方法和步骤见表 8—16。

表 8—16　　高压杀菌冷却方法与操作步骤

冷却方法		操作步骤
常压冷却	在水池中冷却	①打开溢流阀、排水阀或排气阀，排除杀菌锅内的蒸汽，使压力降至零 ②慢慢打开顶部的进水阀，向罐头喷水大约 1 min，消除一些热量 ③将杀菌筛从杀菌锅吊到冷却水池中 注：这种方法适用于立式杀菌锅，其优点是使杀菌锅尽快得到重复使用
	在杀菌锅内常压冷却	①打开溢流阀、排水阀或排气阀，排除杀菌锅内所有蒸汽，使压力降至零。关闭排水阀，但不要关闭溢流阀或排气阀，然后缓慢找开顶部的进水阀，向杀菌锅内注水 ②当杀菌锅内注满水时，关闭顶部的进水阀，然后打开底部的进水阀。此时水从底部向顶部流动，并经溢流管排出。如此连续冷却几分钟后，再关底部的进水阀，打开排水阀和顶部的进水阀，让水反方向流动。如果杀菌锅没有装溢流管，那就让水从顶部进入杀菌锅，从排水管排出（但杀菌锅内要保持水满），这样也能达到均匀冷却的目的
加压冷却	用蒸汽和水加压冷却	①杀菌结束后，关闭泄气阀，关闭底部的进汽阀，打开顶部的进汽阀，使杀菌锅内的压力超过杀菌时压力大约 130 kPa ②打开与底部进水管上相连的进汽阀，然后缓慢地打开底部的进水阀，这样热水就可注入杀菌锅内了 ③继续通入蒸汽与水，直到杀菌锅内有大约 1/4 的热水为止，然后关掉蒸汽．在热水层下面通入冷水 ④杀菌锅注入冷水时，缓慢地关掉顶部的进汽阀，但应保持杀菌锅内压力稳定 ⑤杀菌锅内的压力保持在稍微大于杀菌时的压力，直到杀菌锅内差不多装满了水并且浸没了罐头时为止 ⑥在靠近杀菌锅顶部的地方装一个小龙头，以便能够了解何时水位达到要求。当水位接近顶部时，慢慢打开溢流阀或排水阀，同时开始关闭小进水阀，注意保持杀菌锅内的压力在规定的标准。如果杀菌锅在进水管压力高的情况下注水，而又不及时排水卸压，那么杀菌锅的压力将会很快地升至水管压力，这就会造成罐头的瘪罐以及杀菌锅的损坏 ⑦适当地平衡底部的进水与上部的溢流排水，以保持杀菌锅在规定的压力，直到全部罐头充分冷却为止，以避免罐盖的变形和凸角 ⑧继续开大溢流排水阀，逐步减小压力 ⑨继而从底部进冷水，通过溢流管排水，数分钟后，反过来从顶部进水，从下部排水管排水，此时还要保持杀菌锅内装满水，这种逆流可以使罐头冷却得更均匀
	用压缩空气和水加压冷却	①杀菌结束后，关闭所有的泄气阀，打开压缩空气阀，使杀菌锅内的压力超过杀菌时的压力约 0. 14 kg/cm^2（13 kPa） ②关掉蒸汽 ③向杀菌锅顶部或底部慢慢地通入冷水，并用压缩空气来维持杀菌锅内的压力。反压时间的长短视杀菌温度、罐型大小及内容物冷却的快慢而定 ④最好在靠近杀菌锅顶部的地方安装一个小龙头，以便能及时了解水位到达这个高度的时间。也有在杀菌锅上安装一水位器的做法，便于观察水位高度。当水位接近顶部时，逐渐打开溢流阀或排水阀，关闭空气阀，并调节进水阀，以保持杀菌锅压力在规定的水平上。假如杀菌锅在水管内压力较高的情况下进水，而又不及时排放一部分水，则杀菌锅内的压力将迅速上升至进水管的压力，这就会造成罐头的瘪罐及杀菌锅的损坏

续表

冷却方法		操作步骤
加压冷却	用压缩空气和水加压冷却	⑤适当地平衡进水与排水，以保持杀菌锅在规定的压力，直至全部罐头被充分冷却，以避免罐头底盖的变形或凸角 ⑥开大溢流阀或排水阀，逐渐释放压力 ⑦不论从顶部或从底部进水，其排水的位置都要在进水位置对面，这种逆流有助于罐头冷却得更均匀
	用水加压冷却	冷却时，最好是应用压缩空气和冷却水，然而为了减少设备投资，简化操作，对 3 kg 以下的罐型也可用单一的冷水冷却。 ①当达到杀菌时间后，关闭蒸汽进汽阀，此时压力表仍然会维持在杀菌时的压力 ②缓慢打开冷水进水阀，使冷却水在杀菌锅底部缓慢上升，此时压力表会显示出压力缓慢下降（如下降到杀菌压力的 80%） ③继续打开进水冷水阀，冷却水水位在杀菌锅内迅速上升，此时杀菌锅内因冷却水体积的继续增加，会压缩锅内的蒸汽，使锅内压力出现上升，这种情况下，需缓慢调节释压阀或溢流阀，以保持杀菌锅内的压力为杀菌温度时的压力或稍低（如 80%），待锅内温度下降至 100℃以下时，可用上部进冷却水冷却，并逐步开启排水阀，待锅内的水温下降至 35℃左右时，即可完成冷却工序
用空气冷却（应急法）		如果水冷设备能力有限，或者遇到供水量短缺的情况，则不得不采用空气冷却。罐头被单行堆放，使空气在行与行之间自由流通。每堆垛罐头排列应平行于仓库的通风截面，并认真消除一些影响空气流通的因素，将有助于阻止罐头发熟和嗜热菌腐败。采用空气冷却时，必须防止罐与被污染的地面接触

（16）擦罐、保温、打检、包装、入库

1）擦罐、保温。罐头冷却后应立即将罐体外面的水擦去，应轻拿、轻放，并剔除不合格罐。罐头码垛保存应在温度不低于 20℃的情况下常温处理 7 天，如温度超过 25℃时，可缩短为 5 天。

2）打检、包装。在保存（温）一定时间后逐罐敲打罐盖，判别不良罐并剔除，合格品进行贴标（印铁罐除外）包装。

二、产品质量控制

1．生产过程质量控制

（1）生产过程时间控制

严格控制各工序流程，半成品不得积压，每 2 h 清理一次。蘑菇从漂烫到杀菌不得超过 2.5 h，从封口到杀菌要求在 0.5 h 内完成，绝不能超过 1 h。

（2）金属罐封口质量控制

常见二重卷边缺陷及原因分析见表 8—17。

表 8—17 常见二重卷边缺陷及原因分析

缺陷	图例	原因分析
卷边不完全（滑口）	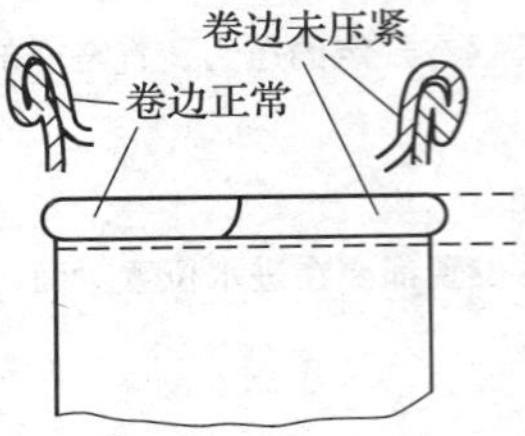 卷边未压紧；卷边正常	①压头有油污而打滑 ②头道和二道滚轮转压过头或转动不良 ③头道和二道滚轮太低 ④托底盘压力太大或弹簧不正 ⑤压头磨损
跳封（跳过）	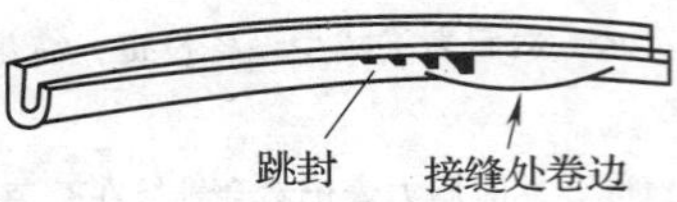 跳封；接缝处卷边	①焊缝处卷边较厚，滚轮经过焊缝时跳过 ②二道滚轮缓冲弹簧疲劳受损
假卷（假封）	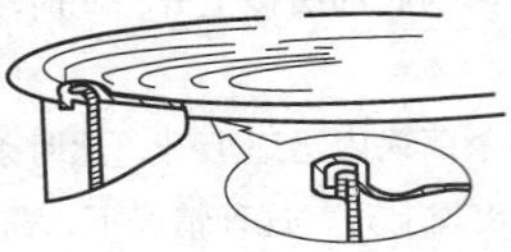	折叠的盖钩紧压折叠的钩身，但未相互钩合
大塌边	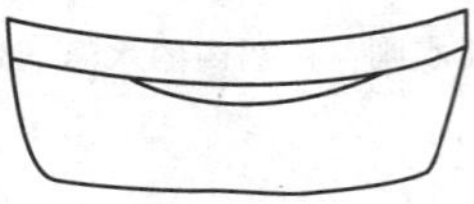	封罐时由于罐身翻边缘严重碰瘪，致使罐身、罐盖没有相互钩合
锐边及快口	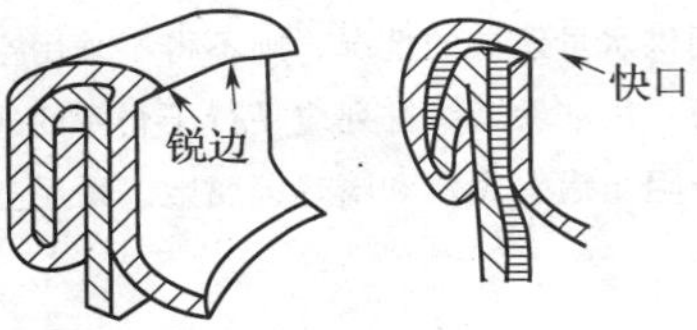 锐边；快口	①压头磨损 ②压头和滚轮相互位置调整不好 ③滚轮和托底板加压过强，滚轮安装不当 ④罐身接缝处焊锡过多等
卷边“牙齿”	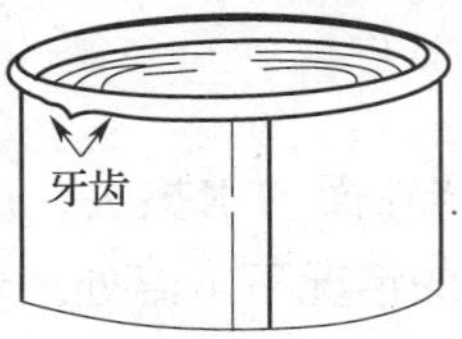 牙齿	①滚轮轴承和梢针磨损 ②头道和二道滚轮调节不足，托底板压力不适宜 ③罐底盖上有不规则卷曲
铁舌和垂唇	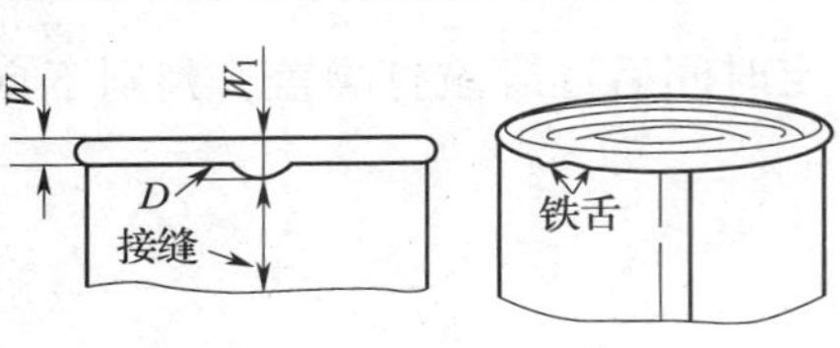 W；W_1；D；接缝；铁舌	①叠接部位上焊锡过多 ②二道滚轮调整后压力过强
卷边断裂	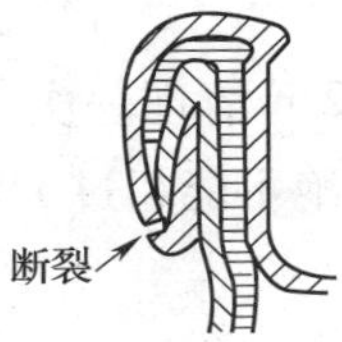 断裂	封罐不良，卷边外层铁皮断裂现象，一般发生在罐身接缝处

(3) 杀菌偏差处理

排气和杀菌过程中若出现偏差情况，按照表8—18进行处理。

表8—18 杀菌偏差原因及处理方法

<table>
<tr><th colspan="2">偏差类型</th><th>原 因</th><th>处理方法</th></tr>
<tr><td colspan="2">排气过程偏差</td><td>由于停电，煤、油燃料系统故障引起，或同时升温的杀菌锅已超出供汽的输出量，造成蒸汽压力不够</td><td>等供汽故障排除或等同时升温的杀菌锅减少时才正式进行热力杀菌操作。绝不允许未完成规范的排气过程就进入杀菌阶段</td></tr>
<tr><td rowspan="2">杀菌过程偏差</td><td>温度偏高</td><td>蒸汽控温阀失控造成。会影响罐藏食品的品质，如食品过度煮熟，或形态色泽变坏</td><td>由品管专业技术人员来评定罐藏食品处置方法</td></tr>
<tr><td>温度降低</td><td>杀菌过程中因机械或蒸汽供给故障引起</td><td>如在杀菌开始不久有温度下降现象，可以重新计时，在温度达到杀菌规程温度时重新计算杀菌开始时间
如在杀菌中途产生杀菌温度下降现象，可以适当延长杀菌时间</td></tr>
</table>

2. 终产品质量控制

应按照罐头食品检验规程对终产品实施抽样检验。盐水蘑菇罐头产品的质量要求见表8—19。

表8—19 盐水蘑菇罐头的质量要求

<table>
<tr><td>外观要求</td><td colspan="2">容器密封完好，无泄漏、胖听现象存在，容器外表无锈蚀，内壁涂料无脱落</td></tr>
<tr><td rowspan="3">感官要求</td><td>色泽</td><td>淡黄色，汤汁清晰或稍有混浊，呈淡黄色</td></tr>
<tr><td>滋味、气味</td><td>具有用鲜蘑菇加工的蘑菇罐头应有的滋味和气味，无异味</td></tr>
<tr><td>组织形态</td><td>柔嫩而有弹性，菌径为18～35 mm，菌盖形态完整，无畸形菇和开伞菇，菌柄切面平整，长度不超过8 mm，同一罐内菌径大小均匀，菌柄长短基本一致</td></tr>
<tr><td>理化要求</td><td colspan="2">固形物≥53.0%；氯化钠浓度为0.6%～1.3%；pH值为5.2～6.4</td></tr>
<tr><td rowspan="2">安全要求</td><td>理化指标</td><td>符合《果、蔬罐头卫生标准》(GB 11671—2003)的规定；食品添加剂应符合《食品添加剂使用卫生标准》(GB 2760—2011)的规定</td></tr>
<tr><td>微生物指标</td><td>符合罐头食品商业无菌的规定</td></tr>
<tr><td>保质期</td><td colspan="2">常温下至少24个月</td></tr>
<tr><td>标签说明</td><td colspan="2">产品名称应加标注整菇，配料表中应注明为新鲜蘑菇，应标明固形物含量；其他标志按照《预包装食品标签通则》(GB 7718—2011)规定执行</td></tr>
</table>

一、马口铁罐二重卷边“三率”测定

1. “三率”含义

“三率”指叠接率、紧密度和盖钩完整率，见表 8—20。

表 8—20 马口铁罐头“三率”

项目	图 例	说 明
叠接率	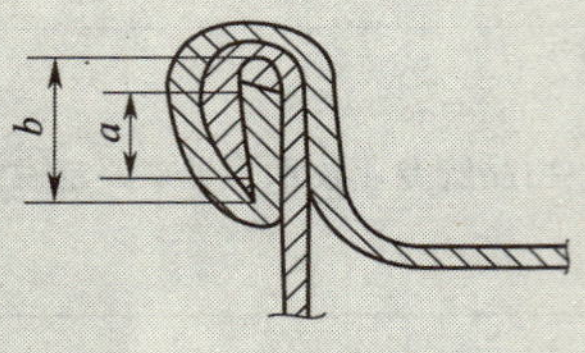	叠接长度是指卷边内部身钩和盖钩重叠部分的长度。叠接率表示卷边内部身钩和盖钩重叠的程度，用百分数表示。图中叠接长度 = a，钩间距 = b，叠接率 = $a/b\times100\%$
紧密度	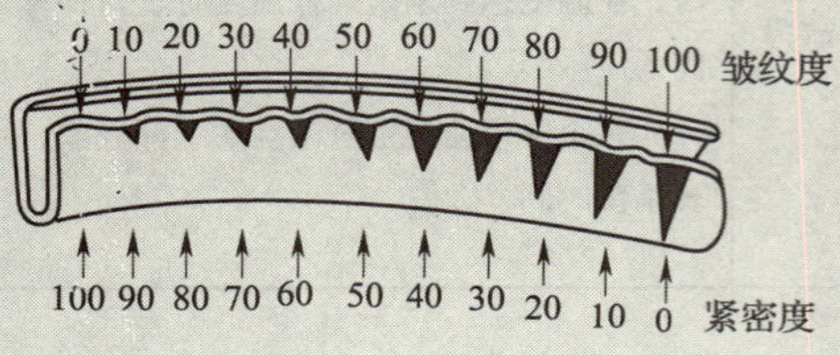	皱纹度是指卷边解体后，盖钩内侧周边凹凸不平的皱曲程度，皱纹不包括在封口过程中皱纹被滚压平整后所留下的痕迹。按图中皱曲部分占整个盖钩长度的比例进行目测分级评定。随着罐头直径变小，皱纹的数目增多。紧密度和皱纹度成对应关系，即紧密度 = 100% − 皱纹度
盖钩完整率	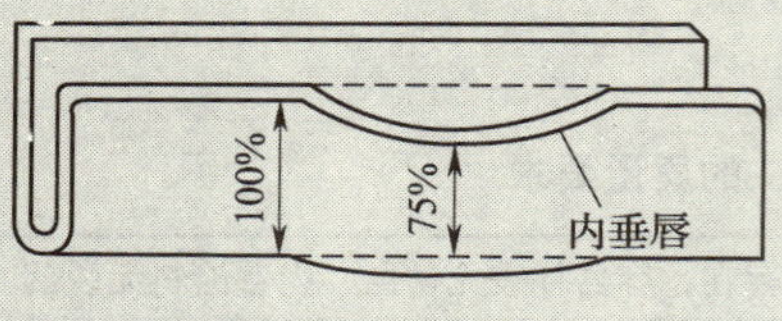	盖钩完整率指罐身接缝处，卷边盖钩上形成内垂唇造成盖钩有效宽度不足的程度。以卷边解体后观察盖钩发生内垂唇后的有效盖钩占整个盖钩的比例来表示，一般可按左图目测

2. 测定方法

(1) 检测部位

卷边外部及封口结构计量检测按图 8—4 所示的三个部位进行。

在图 8—4 中 1、2、3 部位对卷边宽度 W、厚度 T 和接缝处内垂唇进行计量检测，在接缝对面 2 部位用卷边切割机或卷边专用锯切取卷边截面，用投影仪检测身钩 BH、盖钩 CH 的长度和叠接率，再用钳子完整撕开卷边，检查整个盖钩的紧密度和接缝盖钩完整率，测量 1、3 部位身钩 BH 和盖钩 CH 长度，然后综合进行评价。

(2) 叠接长度和叠接率

第一种方法（仲裁法）：用卷边投影仪测定图 8—5 所示卷边的 a、b 部分数值，其中 a 部分为叠接长度（OL），即盖钩与身钩的重合长度，b 部分为理论叠接长度，并按 $a/b\times100\%$ 计算叠接率。

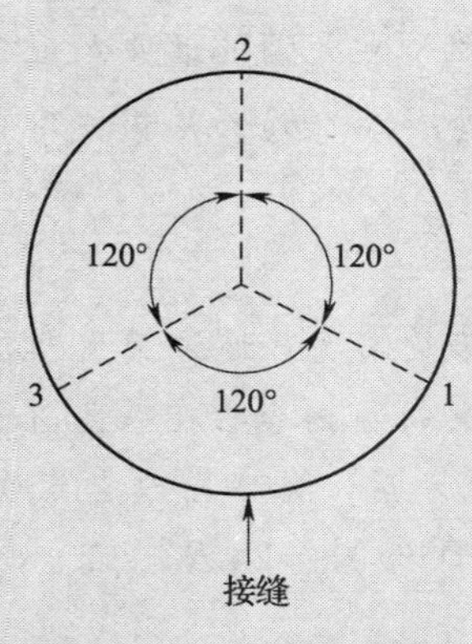

图 8—4 检测部位

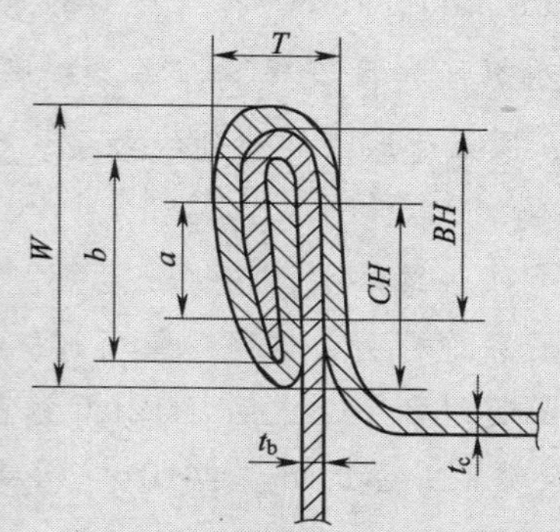

图 8—5 叠接长度和叠接率测量图

第二种方法：根据图 8—5 测量数据，由式（1）、式（2）计算叠接长度和叠接率。

$$OL = BH + CH + 1.1t_c - W \quad (1)$$

$$叠接率 = [(BH + CH + 1.1t_c - W) / (W - 2.6t_c - 1.1t_b)] \times 100\% \quad (2)$$

式中 BH——身钩长度，mm；

CH——盖钩长度，mm；

t_c——底盖用铁厚度，mm；

t_b——罐身用铁厚度，mm；

W——卷边宽度，mm。

（3）紧密度和接缝盖钩完整率

用钳子沿罐边拉去罐盖，轻轻敲下整圈盖钩，观察盖钩的皱曲状态，接缝处盖钩下垂程度和罐身的压痕情况，并综合评价罐头容器卷边的紧密度和接缝盖钩完整率。

二、制定杀菌工艺规程的步骤

1. 理论法

（1）制定步骤

1）根据食品种类确定杀菌对象菌。

2）对杀菌对象菌进行耐热性实验，画出微生物耐热性曲线（D 值）、热力致死曲线（TDT）、热力指数递减时间曲线（TRT），确定对象菌的致死值（F 值）。

3）测定产品冷点的传热数据，画出传热曲线，用图解法、鲍尔公式法、列线图法、求和查表法等确定杀菌温度，计算产品的杀菌时间、F_0值和 $F_{安}$值（估算）。

4）选用不同杀菌温度—时间的组合进行接种实罐实验，验证杀菌工艺规程的科学、合理性。

计算 F 值制定杀菌工艺规程时必须知道两种数据：一是产品中最耐热的细菌能达到的各种温度下的 TDT；二是产品的传热数据。

$F_{安}=f(D, a)$，即 $F_{安}$ 指某产品的杀菌强度能达到商业无菌的最低 F 值，它取决于微生物的耐热性和污染程度，污染程度从 $F_{安}=D_{t}(\lg a-\lg b)$，从该式可以看出 a 是初菌数，b 是杀菌后需要达到的效果（允许腐败率）。

（2）案例

如某厂生产蔬菜罐头，根据卫生条件及原料被污染的情况，通过微生物检测，选择以嗜热脂肪芽孢杆菌为杀菌对象菌（$D=4.0\sim5.0$），每克内容物在杀菌前含嗜热脂肪芽孢杆菌不超过2个，成品经121℃杀菌，保温、储藏后，允许腐败率为0.05%以下，则425 g罐头杀菌的 $F_{安}=4.0\times(\lg425\times2-\lg0.05\%)=24.92$ min；如污染数为5个，则：

$$F_{安}=4.0\times(\lg425\times5-\lg0.05\%)=26.51\ \text{min}$$

根据 F 值及 $F_{安}$ 的计算结果，选用不同杀菌温度—时间的组合进行接种实罐实验，样品经保温结合商业无菌的检测、感官检验等综合分析，最终确定科学合理的杀菌式。

2．直接法

有条件的单位，可用中心温度测定仪直接测定该产品在预定的杀菌温度下的 F_0 值，当产品的 $F_0\geqslant F_{安}$ 时，产品可以认为是安全的，该加热杀菌的时间、温度可初定为该产品的杀菌温度和时间，再根据保温后商业无菌的检测、内容物的感官品质、罐头的初温、最大装罐量、生产场地卫生状况以及生产能力的平衡等因素综合考虑，最终确定杀菌恒温时间。

（1）$F_{安}$ 的计算

例：某蘑菇罐头厂对425 g蘑菇罐头杀菌前进行微生物检验，确定嗜热脂肪芽孢杆菌为杀菌对象菌，菌含量为2个/g。要求杀菌后经保温的罐头最高腐败率为0.05%。

查表知：$D_{121}=4$ min，则 $F_{安}=4\times(\lg425\times2-\lg0.05\%)=24.92$ min

注：低酸罐头食品以肉毒杆菌为对象菌来杀菌，美国食品和药物管理局规定罐头的腐败率为 1×10^{-12}，即要求罐头的杀菌 $F_0=12D_r$。由于肉毒杆菌A型芽孢（最耐热类型）的 $D_r=0.204$ min，所以 $F_0=12\times0.204=2.45$ min。为安全起见，1978年，FDA提出了 F_0 值不小于3.0 min，称为肉毒杆菌最低杀菌标准。所有低酸性罐头食品的杀菌 F 值都不能低于3.0 min。

（2）$F_{实}$ 计算

1）根据 $F_{安}$ 初步拟定两个杀菌公式：

10—23—10/121℃

10—25—10/121℃

2）按公式分别实施实罐杀菌，测定罐头中心温度和维持时间。

3）采用查表计算法（$Z=10$），得 $F_1=25.5$，$F_2=28.3$。

4）比较 $F_{安}$ 与 F_1、F_2，确定采用公式 1。

（3）经验法

如无条件直接测定 F 值的单位，可根据 $F_{安}$ 的估算值结合平时的工作经验，选定几个杀菌公式进行实罐试验，采用分段保温的措施，产品经室温、37℃、55℃保温 1～3 个月，每 10 天对保温的样品检测一次，只要能确定嗜温菌、嗜热菌均不生长，再结合感官（色、香、味、组织弹性等）检测情况，对检验结果进行综合分析后，选用其中一个杀菌公式，在生产线上试生产一批产品，在销售过程中进行跟踪，一年内消费者没有任何有关质量问题的投诉，就能充分证明该产品的杀菌式是安全的，又能充分保证产品的感官质量指标，则该杀菌公式可以正式用于该产品的杀菌规程（根据经验一般来讲 55℃保温 1 天可相当于常温存放 10 天，37℃保温 1 天相当于常温储存 3 天）。

~思考与练习~

1. 玻璃瓶或镀锌铁罐装糖水菠萝罐头属于罐头，人们常喝的塑料瓶装果汁饮料属于罐头吗？
2. 为什么罐头食品不含防腐剂也可以存放一年以上？
3. 罐头杀菌与培养基灭菌一样吗？
4. 低酸罐头食品杀菌与酸性罐头食品杀菌有何不同？
5. 罐头生产常出现哪些质量问题？如何控制？
6. 杀菌过程中如果发生杀菌温度短时间低于规定温度该如何处理？

参 考 文 献

1. 祝战斌. 果蔬加工技术［M］. 北京：化学工业出版社，2008.

2. 赵晨霞. 园蔬贮藏与加工［M］. 北京：中国农业出版社，2009.

3. 罗云波，蔡同一. 园艺产品贮藏加工学［M］. 北京：中国农业大学出版社，2001.

4. 杨邦英. 罐头工业手册［M］. 北京：中国轻工业出版社，2002.

5. 孙彦. 生物分离工程［M］. 2 版. 北京：化学工业出版社，2005.

6. 欧阳平凯，胡永红，姚忠. 生物分离原理及技术［M］. 北京：化学工业出版社，2010.

7. 张国治. 速冻及冻干食品加工技术［M］. 北京：化学工业出版社，2008.

8. 詹晓北. 食用胶的生产、性能与应用［M］. 北京：中国轻工业出版社，2003.

9. 夏文水. 食品工艺学［M］. 北京：中国轻工业出版社，2007.